はじめに

「算数は、計算はできるけれど、文章題は苦手……」
「『ぶんしょうだい』と聞くと、『むずかしい』」
と、そんな声を聞くことがあります。

たしかに、文章題を解くときには、
・文章をていねいに読む
・必要な数、求める数が何か理解する
・式を作り、解く
・解答にあわせて数詞を入れて答えをかく
と、解いていきます。

しかし、文章題は「基本の型」が分かれば、決して難しいものではありません。しかも、文章題の「基本の型」はシンプルでやさしいものです。

基本の型が分かると、同じようにして解くことができるので、自分の力で解ける。つまり、文章題がらくらく解けるようになります。

本書は、基本の型を知り文章題が楽々解ける構成にしました。
●最初に、文章題の「☆基本の型」が分かる
●２ページ完成。☆が分かれば、他の問題も自分で解ける
●なぞり文字で、つまずきやすいポイントをサポート

お子様が、無理なく取り組め、学力がつく。
そんなドリルを目指しました。

本書がお子様の学力育成の一助になれば幸いです。

陰山英男・三木俊一

文章題に取り組むときは

① 問題文を何回も読んで覚えること
② 立式に必要な数を見分けること
③ 何をたずねているかが分かること

②は、必要な数の下に──を、③は、たずねている文の下に〰〰を引くとよいでしょう。

（例） P.29の問題

はがきが210まいあります。これを25まいずつ束(たば)にします。何束できて何まいあまりますか。

（例） P.67の問題

アップルジュースは１パックに1.4Lずつ入っています。アップルジュースは62パックあります。アップルジュースは、全部で何Lになりますか。

もくじ

わり算（÷１けた）

わり算（÷２けた）

小数のたし算・ひき算

分数のたし算・ひき算

小数のかけ算

小数のわり算

がい数を使って

１つの式でとく

いろいろな問題

月　日

わり算（÷1けた）①

名前

☆　ジュースが72本あります。このジュースを6本ずつケースに入れると、何ケースになりますか。

式　72 ÷ 6 ＝ 12

	1	
6)	7	2
	6	
	1	2

答え　　ケース

1　カーネーションが60本あります。このカーネーションを5本ずつ花束（はなたば）にすると、何束になりますか。

60本

式　60 ÷ □ ＝ □

5)	6	0

答え　　束

2 チョコレートが84こあります。このチョコレートを7こずつ箱に入れると、何箱になりますか。

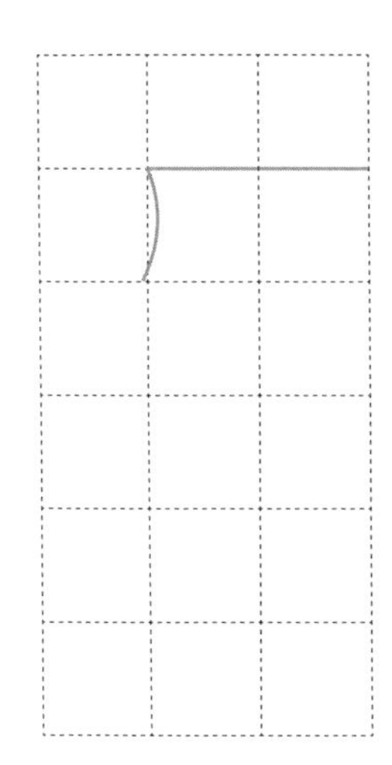

式 □ ÷ □ ＝ □

答え ＿＿＿＿箱

3 長さが75mのロープがあります。このロープを3mずつの長さに切っていくと、何本になりますか。

75m

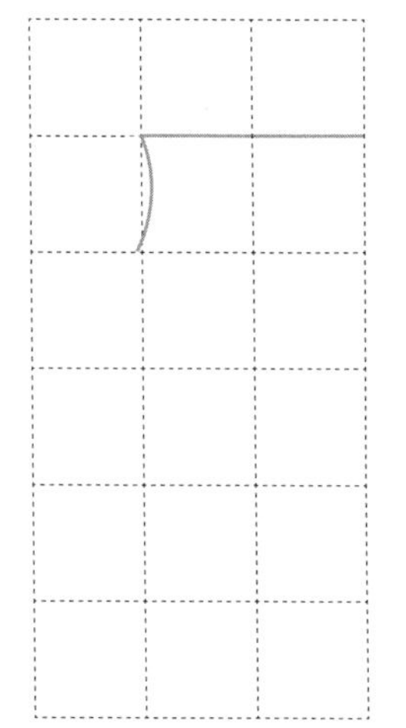

式 □ ÷ □ ＝ □

答え ＿＿＿＿本

月　日

わり算（÷1けた）②

☆　画用紙が95まいあります。1人に4まいずつ配ると、何人に配れて、何まいあまりますか。

	2	
4)	9	5

式　95 ÷ 4 ＝ 23 あまり 3

答え　　人，あまり　　まい

1　色紙が95まいあります。1人に7まいずつ配ると、何人に配れて、何まいあまりますか。

95まい

式　95 ÷ □ ＝ □ あまり □

答え　　人，あまり　　まい

2 色画用紙が95まいあります。3つの組で同じ数ずつ分けると、1組分は何まいで、何まいあまりますか。

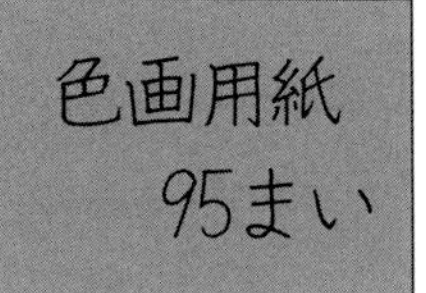

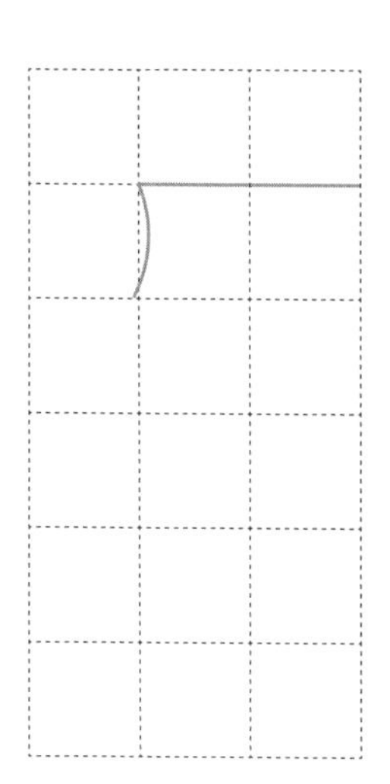

式 95 ÷ □ ＝ □ あまり □

答え　　まい，あまり　　まい

3 えん筆が85本あります。このえん筆を7本ずつセットにすると、何セットできて、何本あまりますか。

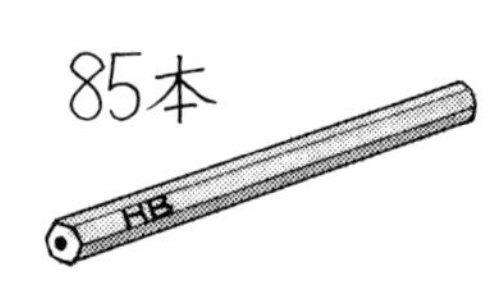

式 85 ÷ □ ＝ □ あまり □

答え　　セット，あまり　　本

わり算（÷1けた）③

月　日

名前

☆　738まいの色紙を、3つの組で同じ数ずつ分けると、1組分（ひとくみ）は何まいになりますか。

	2		
3)	7	3	8
	6		
	1	3	

式　738 ÷ 3 ＝ 246

答え　　まい

1　色紙が940まいあります。4人で同じ数ずつおりづるを作ります。1人が作るおりづるは何わになりますか。

4)	9	4	0

式　940 ÷ □ ＝ □

答え　　わ

2 えん筆が864本あります。6この箱に同じ数ずつ入れると、1箱分は何本になりますか。

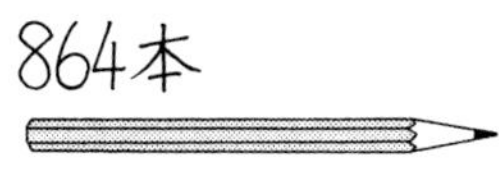

式 □ ÷ □ ＝ □

答え　　　　本

3 725このミニトマトを、5つの箱に同じ数ずつ入れると、1箱分は何こになりますか。

式 □ ÷ □ ＝ □

答え　　　　こ

わり算（÷1けた）④

名前

☆　767まいの色紙を、４つの箱に同じ数ずつ分けると、１箱は何まいで、色紙は何まいあまりますか。

	1	9	
4)	7	6	7
	4		
	3	6	
	3	6	

式　767 ÷ 4 ＝ 191 あまり 3

答え　まい，あまり　まい

1　色紙が458まいあります。３人で同じ数ずつおりづるを作ります。

１人が作るおりづるは何わで、色紙は何まいあまりますか。

3)	4	5	8

式　458 ÷ 3 ＝ ☐ あまり ☐

答え　わ，あまり　まい

2 879まいの色紙を5つの箱に同じ数ずつ分けます。1箱何まいで何まいあまりますか。

式 879 ÷ □ ＝ □ あまり □

答え まい, あまり まい

3 793本のえん筆があります。これを6人で同じ数ずつ分けます。1人分は何本で、何本あまりますか。

式 □ ÷ □ ＝ □ あまり □

答え 本, あまり 本

月　日

わり算（÷1けた）⑤

名前

☆　ボールが444こあります。１つの箱に６こずつボールを入れると、ボール６こ入りの箱は何箱できますか。

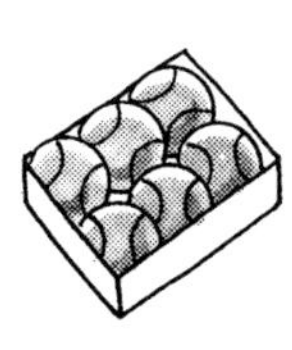

式　444 ÷ 6 ＝ 74

		7	
6	)4	4	4
	4	2	
		2	4

答え　　箱

1　キャンディーが280こあります。１つの箱にキャンディーを８こずつ入れると、キャンディー８こ入りの箱は何箱できますか。

式　280 ÷ □ ＝ □

8	)2	8	0

答え　　箱

2　色紙が375まいあります。5人で同じ数ずつ分けると、1人分は何まいになりますか。

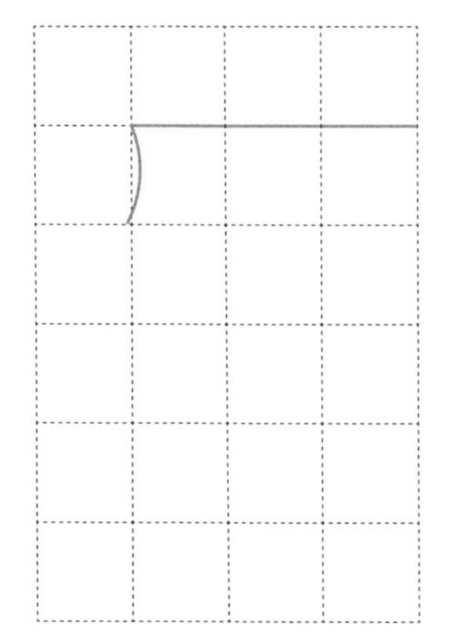

375まい

式 □÷□＝□

答え　　　まい

3　長さが315 mのロープがあります。これを同じ長さの7本のロープに切ると、1本分の長さは何mになりますか。

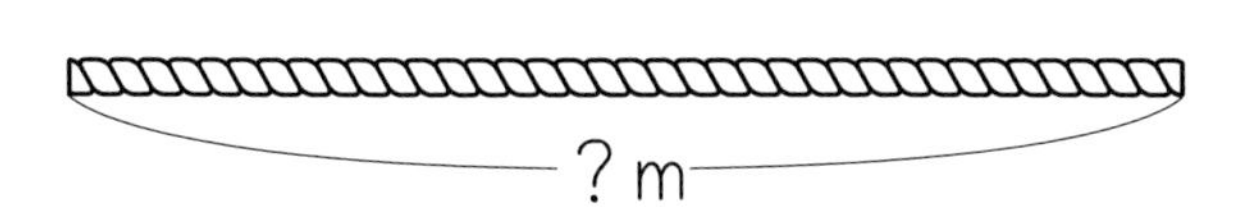

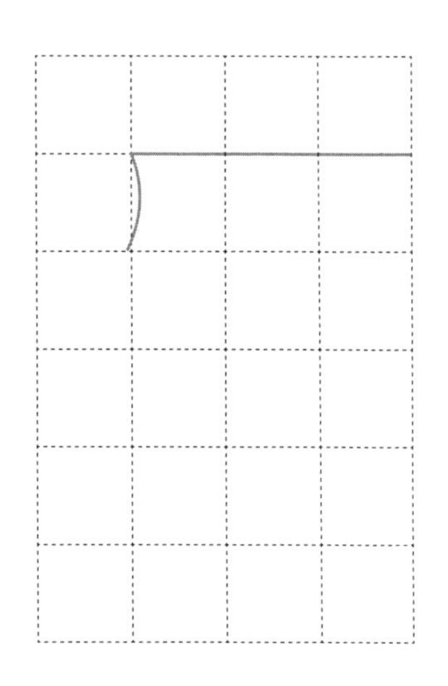

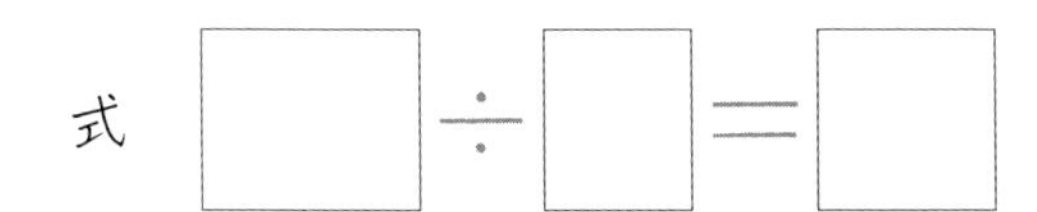

式 □÷□＝□

答え　　　m

月　日

わり算（÷1けた）⑥

名前

☆　378まいの色紙を５つの箱に同じ数ずつ分けます。１箱分は何まいで、何まいあまりますか。

式 378 ÷ 5 ＝ 75 あまり 3

		7	
5	)3	7	8
	3	5	
		2	8

答え　75まい，あまり　まい

1　色紙が458まいあります。
８人で同じ数ずつおりづるを作ります。１人が作るおりづるは何わで、色紙は何まいあまりますか。

式 458 ÷ □ ＝ □ あまり □

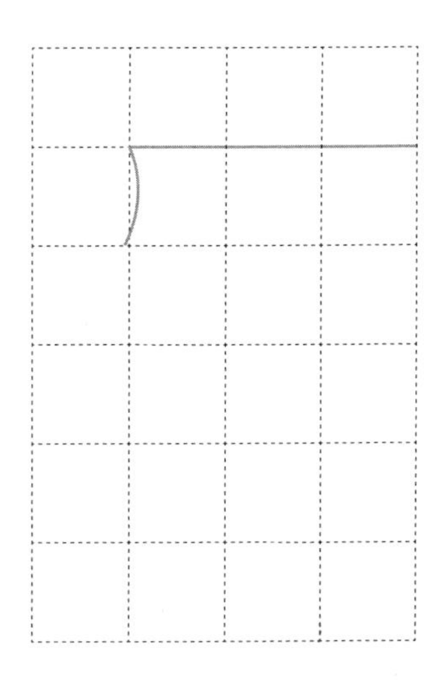

答え　わ，あまり　まい

2 298まいの色紙を7つの箱に同じ数ずつ分けます。1箱何まいで何まいあまりますか。

式 □ ÷ □ ＝ □ あまり □

答え まい，あまり まい

3 385本のえん筆があります。
これを6人で同じ数ずつ分けます。
1人分は何本で、何本あまりますか。

式 □ ÷ □ ＝ □ あまり □

答え 本，あまり 本

まとめ

わり算（÷1けた）

月　日　点

名前

1　648まいの色紙を、3つの組で同じ数ずつ分けます。1組分は何まいになりますか。　（式10点，答え10点）

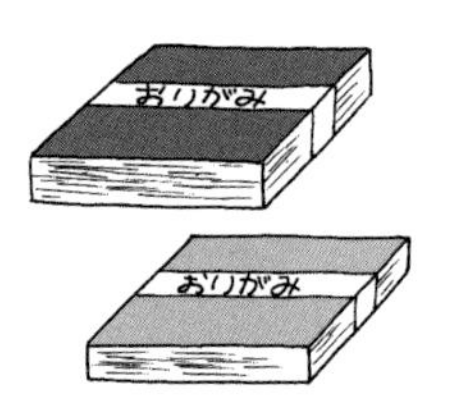

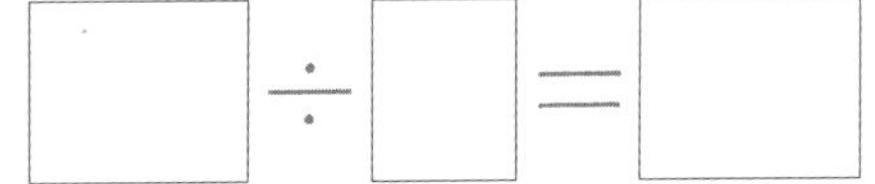

式　□÷□＝□

答え　まい

2　色紙が565まいあります。4人で同じ数ずつおりづるを作ります。

1人が作るおりづるは何わで、色紙は何まいあまりますか。　（式10点，答え10点）

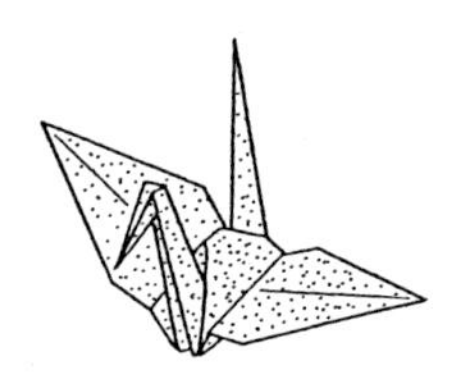

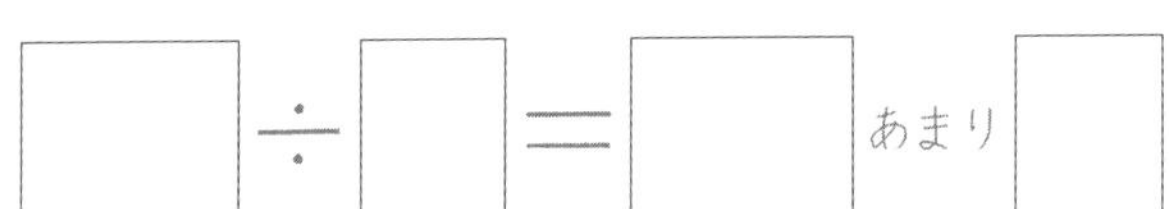

式　□÷□＝□あまり□

答え　わ，あまり　まい

3 ジュースが96本あります。このジュースを4本ずつケースに入れると何ケースできますか。 (式10点，答え10点)

式 □÷□＝□

答え ケース

4 ボールが438こあります。1つの箱に6こずつ入れると、何箱できますか。 (式10点，答え10点)

式 □÷□＝□

答え 箱

5 348本のえん筆があります。5人で同じ数ずつ分けると、1人分は何本で何本あまりますか。 (式10点，答え10点)

式 □÷□＝□あまり□

答え 本，あまり 本

わり算（÷2けた）①

☆　1本60円のえん筆があります。240円でこのえん筆は何本買えますか。

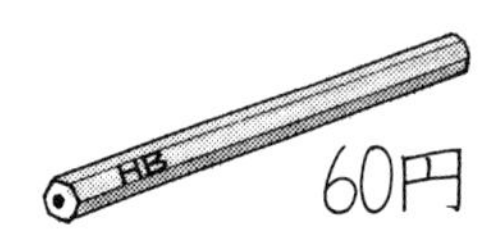

				4
6	0	)2	4	0
		2	4	0
				0

式　240 ÷ 60 ＝ 4

答え　　本

1　1本50円のバナナがあります。250円でこのバナナは何本買えますか。

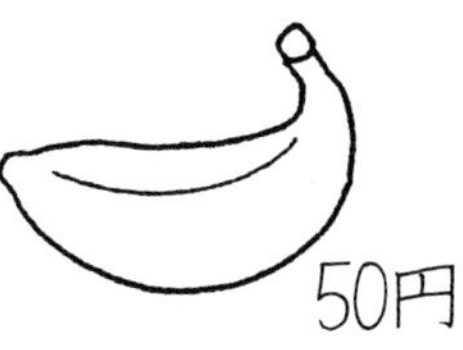

5	0	)2	5	0

式　250 ÷ □ ＝ □

答え　　本

2 クッキーが240こあります。これを30のふくろに、同じ数ずつ分けると、1ふくろ何こになりますか。

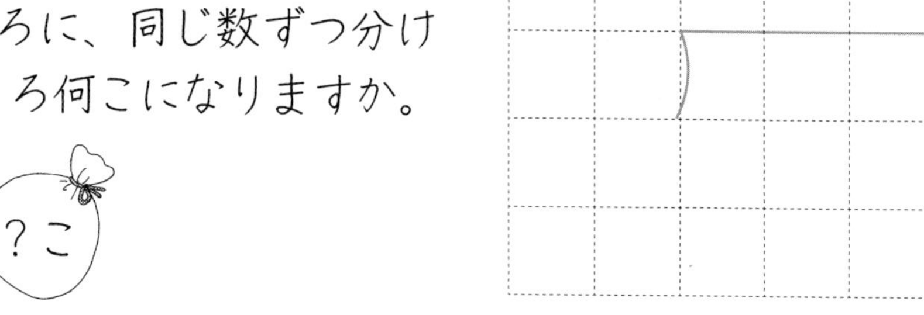

式 □÷□＝□

答え　　　こ

3 色紙が480まいあります。これを1束（たば）80まいずつの束にすると、何束できますか。

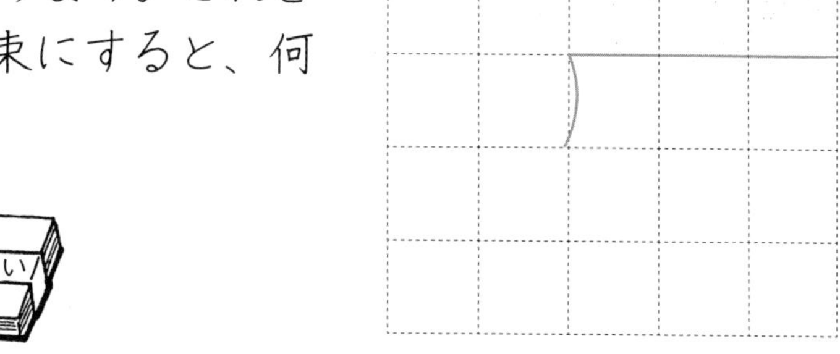

式 □÷□＝□

答え　　　束

わり算（÷2けた）②

月　日

名前

☆　1本60円のえん筆があります。250円でこのえん筆は何本買えて、何円あまりますか。

				4
6	0	)2	5	0
		2	4	0
			1	0

式　250 ÷ 60 ＝ 4 あまり 10

答え　本，あまり　円

1　くぎが300本あります。これを70人で同じ数ずつ分けると、1人分は何本で、何本あまりますか。

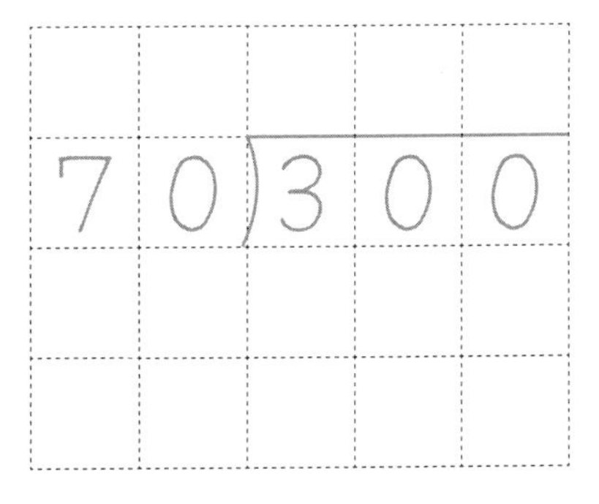

300本

式　300 ÷ □ ＝ □ あまり □

答え　本，あまり　本

2　500円持っています。1こ80円のトマトは何こ買えて、何円あまりますか。

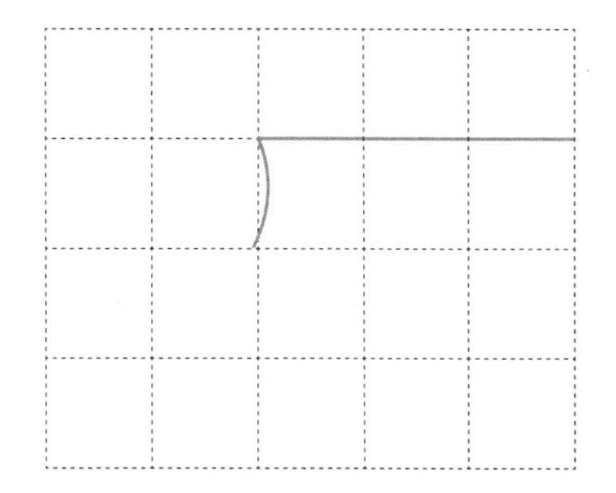

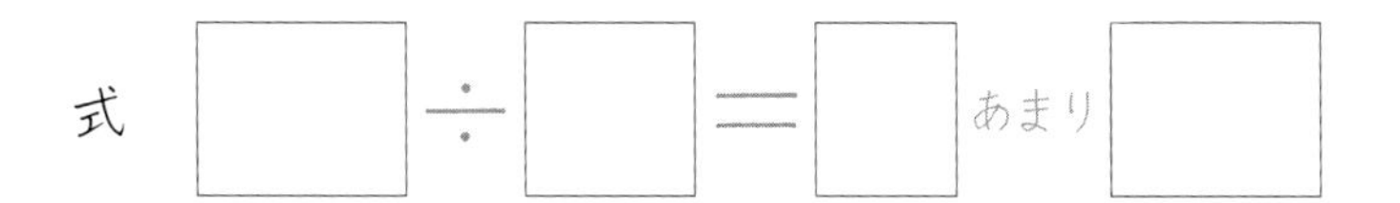

答え　　こ，あまり　　円

3　長さ220 cmのリボンから、1本40 cmのリボンは何本とれて、何cmあまりますか。

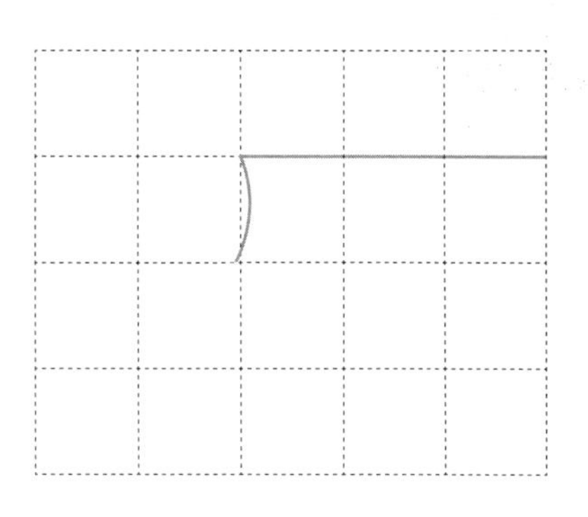

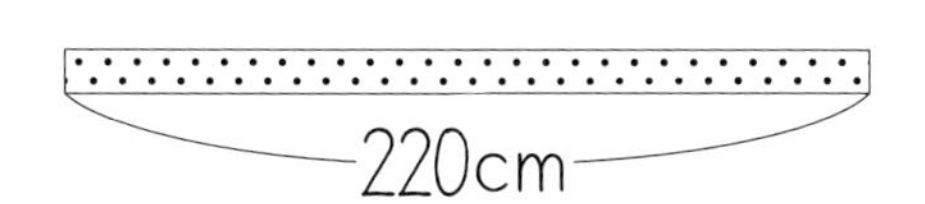

式　□ ÷ □ ＝ □ あまり □

答え　　本，あまり　　cm

月　　日

わり算（÷2けた）③

名前

☆　チョコレートが84こあります。
これを12の箱に同じ数ずつ入れます。
1箱分のチョコレートは何こになりますか。

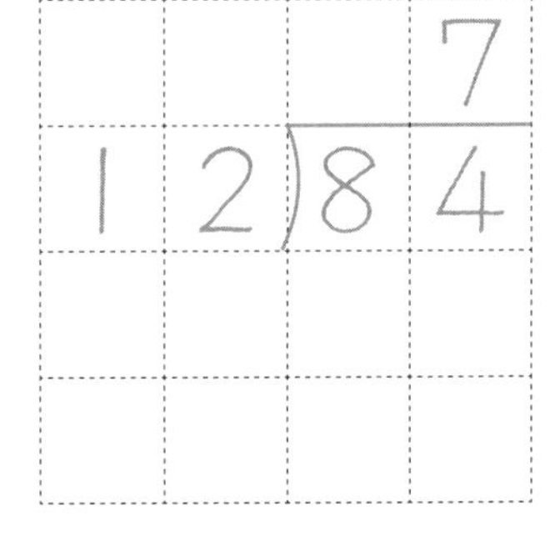

式　84 ÷ 12 ＝ 7

答え　　こ

1　かしパンが72こあります。これを24のふくろに同じ数ずつ入れます。
1ふくろ分のパンは何こになりますか。

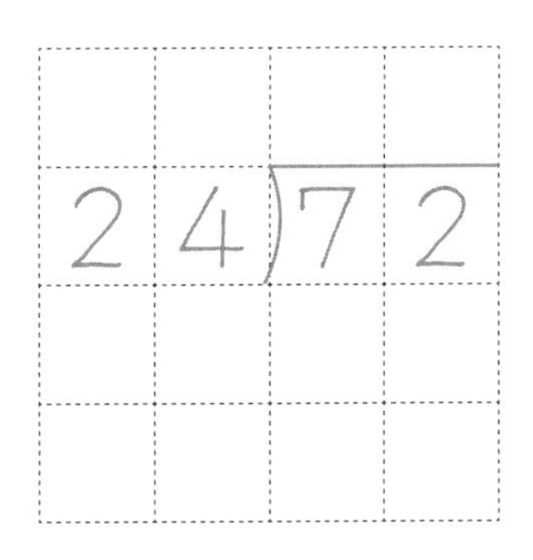

72こ

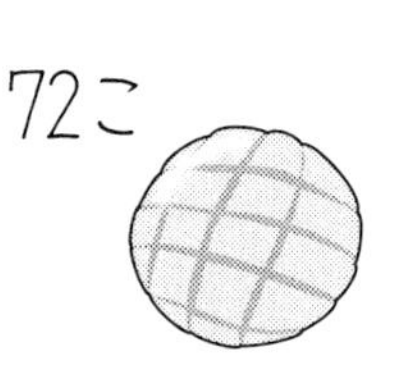

式　72 ÷ □ ＝ □

答え　　こ

2 えん筆が96本あります。これを1ダース（12）ずつケースに入れます。
12本入りのケースは、何ケースできますか。

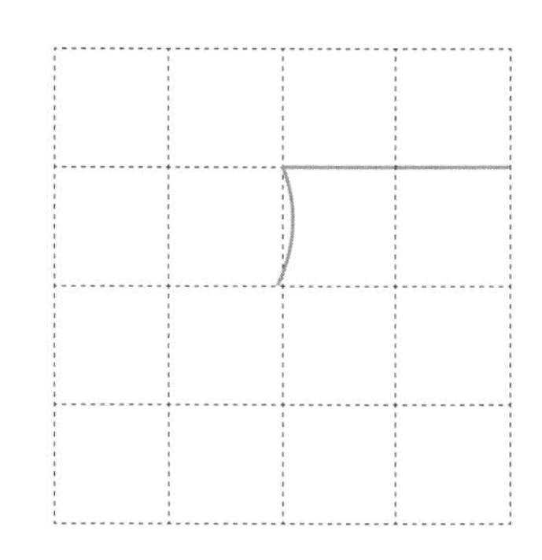

式 □÷□＝□

答え　　ケース

3 カードが78まいあります。これを1人に26まいずつ配ります。
カードは何人に配れますか。

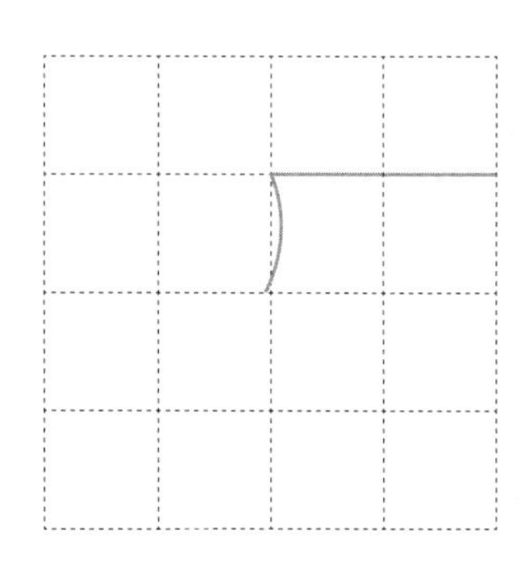

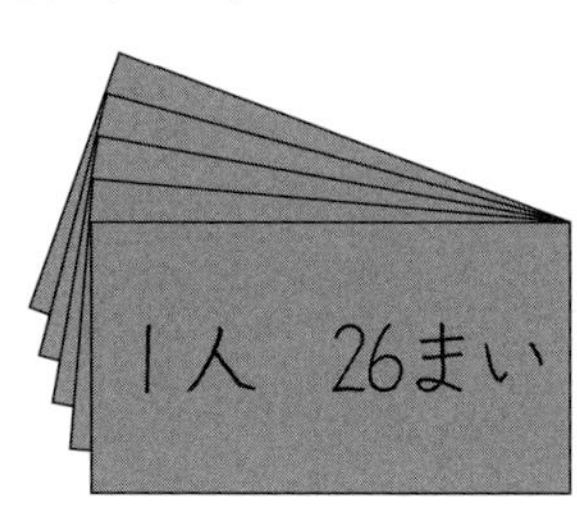

式 □÷□＝□

答え　　人

月　日

名前

わり算（÷2けた）④

☆　84本の花があります。これを16本ずつの束（たば）をつくります。何束できて、何本あまりますか。

			5
1	6	)8	4
		8	0
			4

式　84 ÷ 16 ＝ 5 あまり 4

答え　　束，あまり　本

1　95このみかんがあります。これを25こずつ箱に入れます。何箱できて、何こあまりますか。

95こ

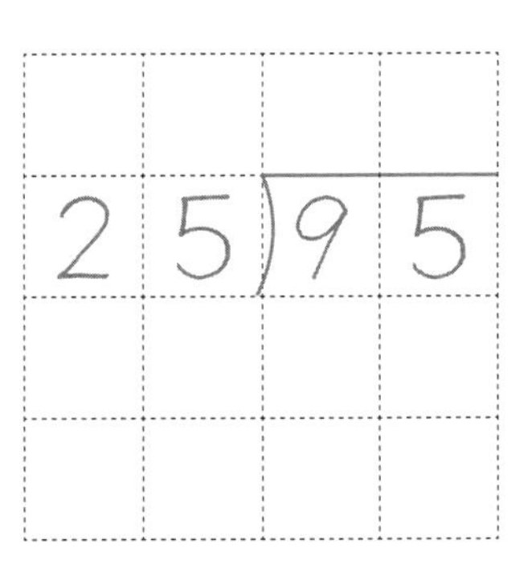

式　95 ÷ □ ＝ □ あまり □

答え　　箱，あまり　　こ

2 カードが76まいあります。これを18人で同じ数ずつ分けると、1人分は何まいで、何まいあまりますか。

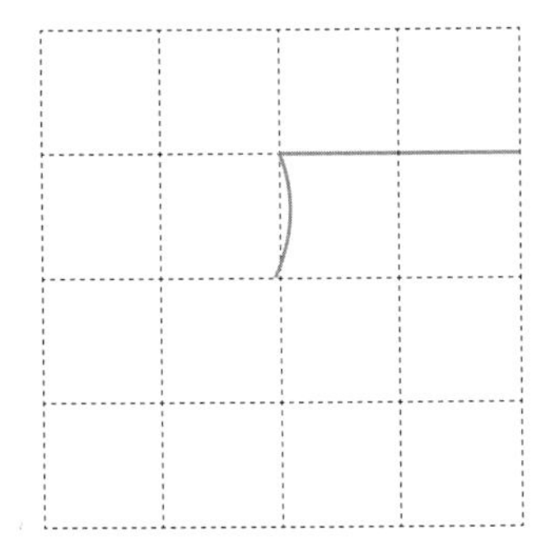

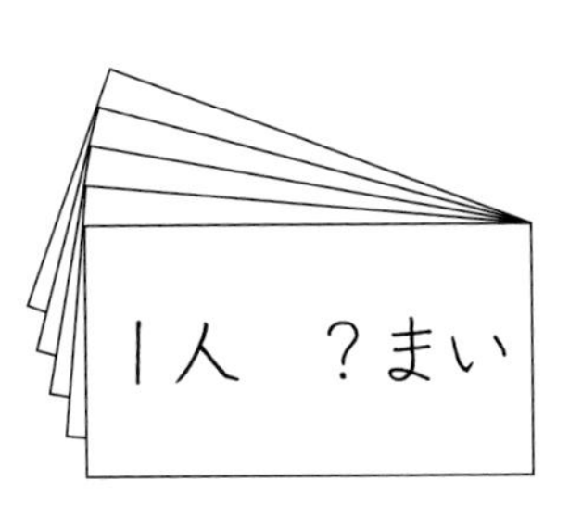

式 □÷□＝□あまり□

答え　まい，あまり　まい

3 長さ65 cmのリボンがあります。これを15 cmずつ切ると、15 cmのリボンが何本とれて、何cmあまりますか。

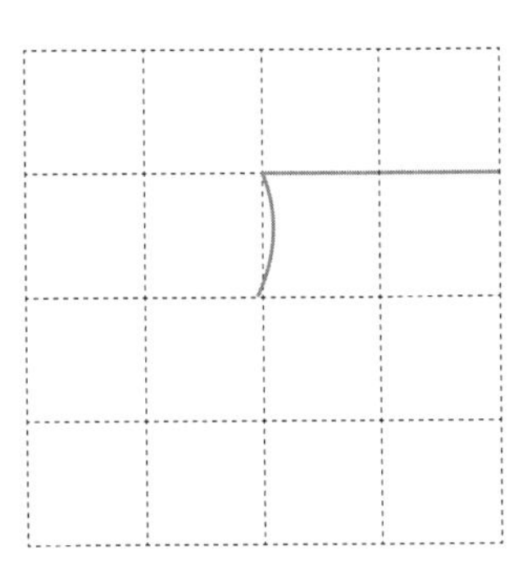

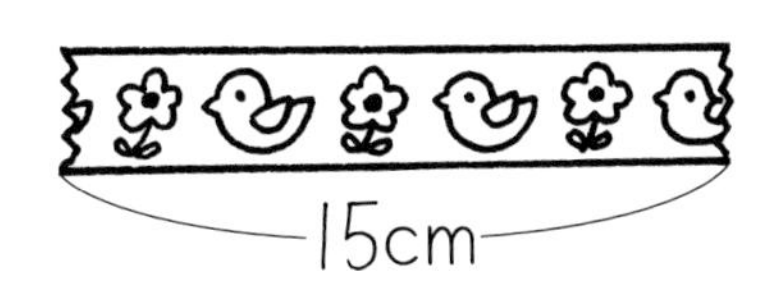

式 □÷□＝□あまり□

答え　本，あまり　cm

わり算（÷2けた）⑤

☆　えん筆が108本あります。これを18人で同じ数ずつ分けると、1人分は何本になりますか。

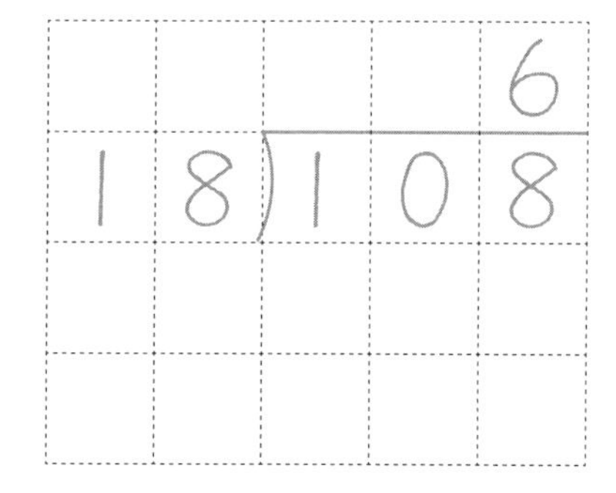

式 108 ÷ 18 ＝ 6

答え　　本

1　長さが120cmのリボンがあります。これを同じ長さで15本に切ると、1本のリボンは何cmになりますか。

？cm

式 120 ÷ □ ＝ □

答え　　cm

2　252この荷物があります。これをトラック1台に36こずつのせて運ぶと、トラック何台分になりますか。

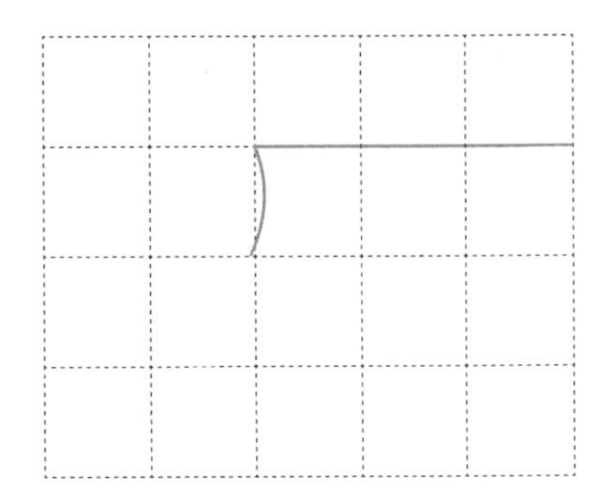

式　□÷□＝□

答え　　　　台分

3　長さが270 cmのテープがあります。これを45 cmの長さに切ると、45 cmのテープが何本とれますか。

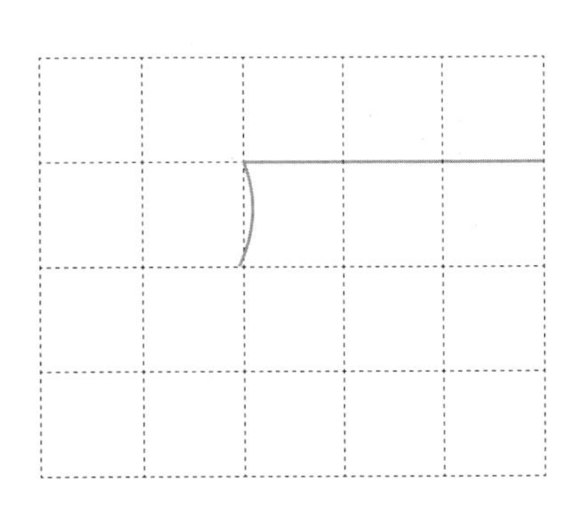

式　□÷□＝□

答え　　　　本

月　日

わり算（÷2けた）⑥

名前

☆　くりが110こあります。15人で同じ数ずつ分けます。1人分は何こで、何こあまりますか。

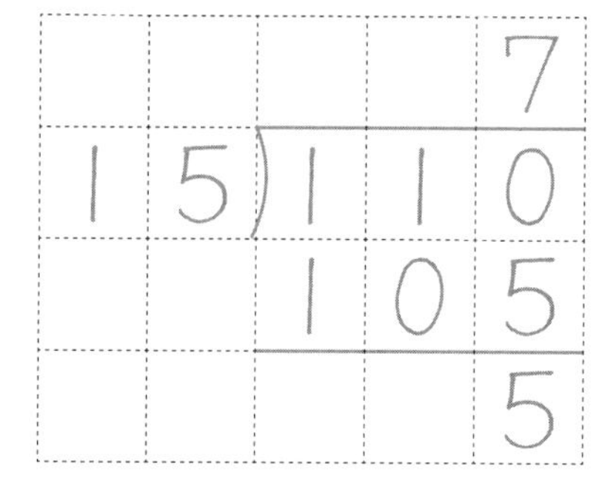

110こ

式　110 ÷ 15 ＝ 7 あまり 5

答え　こ，あまり　こ

1　えん筆が200本あります。32人で同じ数ずつ分けます。1人分は何本で、何本あまりますか。

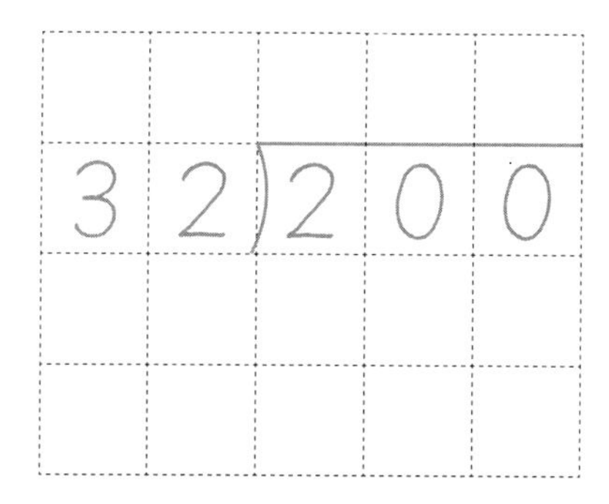

式　200 ÷ □ ＝ □ あまり □

答え　本，あまり　本

2 はがきが210まいあります。これを25まいずつ束(たば)にします。何束できて何まいあまりますか。

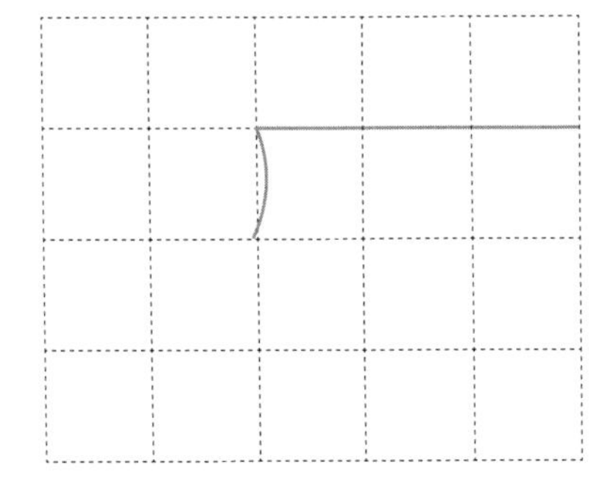

式 □÷□＝□ あまり □

答え　束，あまり　まい

3 チョコレートが150こあります。これを16こずつ箱に入れていきます。16こ入りの箱が何箱できて、何こあまりますか。

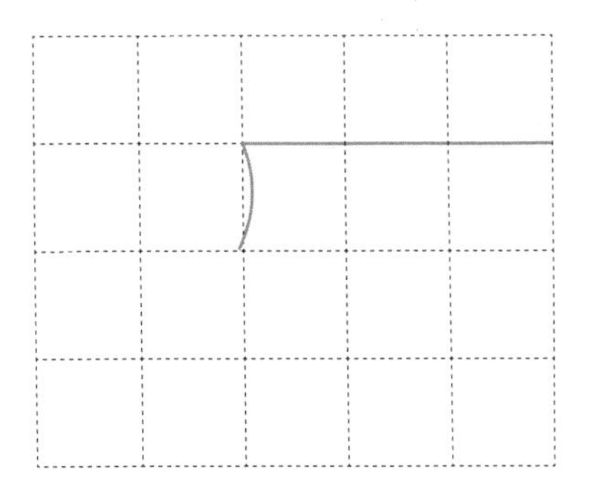

式 □÷□＝□ あまり □

答え　箱，あまり　こ

月　日

わり算（÷2けた）⑦

名前

☆　トマトが288こあります。これを12の箱に同じ数ずつ入れると、1箱分は何こになりますか。

288こ

			2	
1	2	2	8	8
		2	4	
			4	8

式　288 ÷ 12 ＝ 24

答え　　　　こ

1　ミニトマトが675こあります。これを25の箱に同じ数ずつ入れると、1箱分は何こになりますか。

式　675 ÷ □ ＝ □

答え　　　　こ

2　花が 450 本あります。これを１人に 18 本ずつ配ると、何人に配れますか。

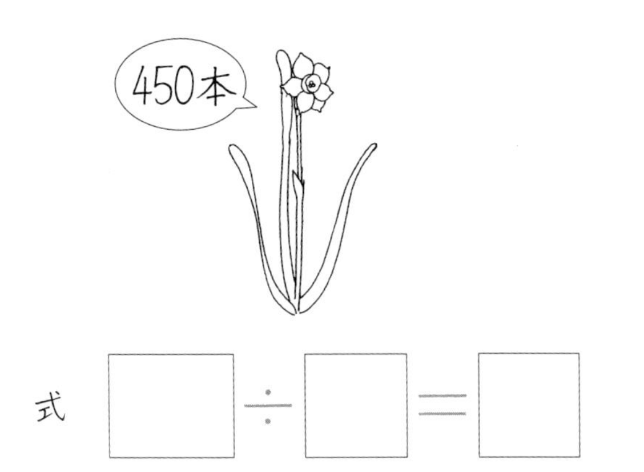

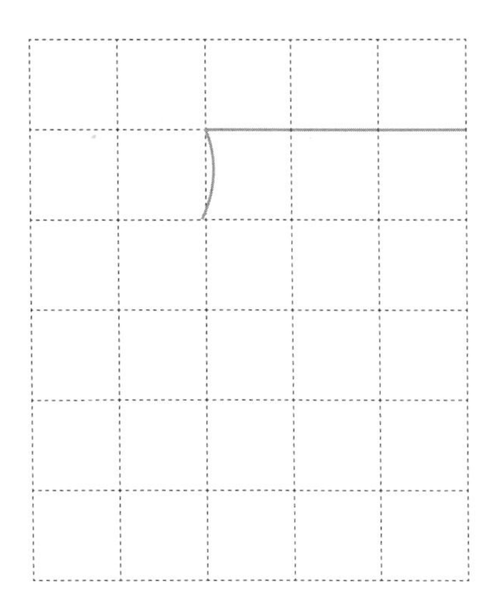

式 □÷□＝□

答え　　　人

3　540 このみかんがあります。これを 36 こずつ箱に入れると、何箱できますか。

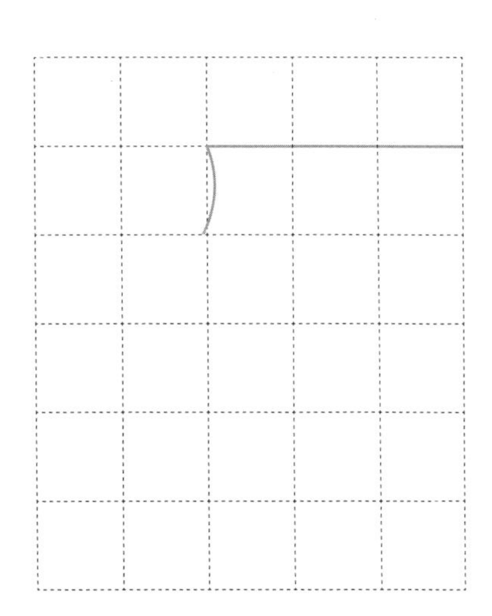

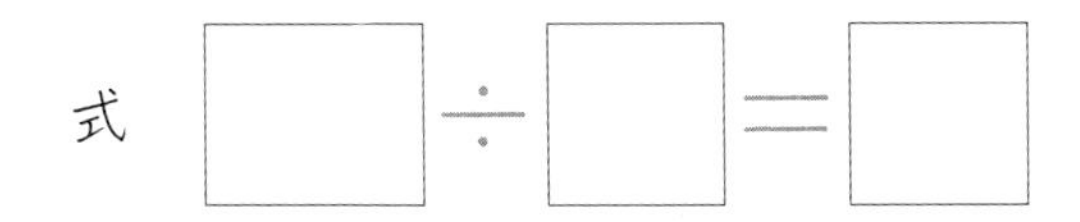

式 □÷□＝□

答え　　　箱

月　日

わり算（÷2けた）⑧

名前

☆　さくらんぼが 185 こあります。これを 12 人で同じ数ずつ分けると、1 人分は何こになって、何こあまりますか。

			1	5
1	2	) 1	8	5
		1	2	
			6	5

式　185 ÷ 12 ＝ 15 あまり 5

答え　　こ，あまり　　こ

[1]　色紙が 320 まいあります。これを 13 人で同じ数ずつ分けると、1 人分は何まいになって、何まいあまりますか。

1	3	) 3	2	0

式　320 ÷ □ ＝ □ あまり □

答え　　まい，あまり　　まい

2 550 cmのリボンがあります。これを 45 cmずつ切ると、45 cmのリボンは何本とれて、何cmあまりますか。

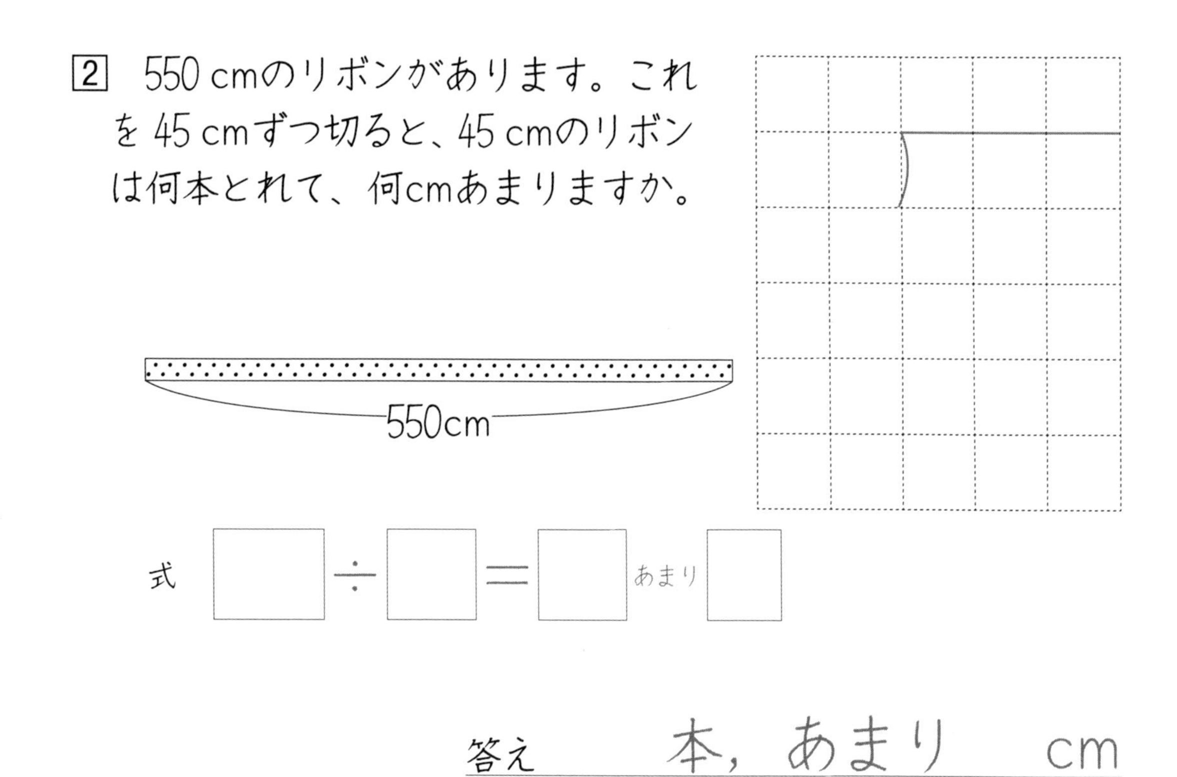

式 □÷□＝□ あまり □

答え　　本，あまり　　cm

3 キャンディーが 477 こあります。これを 26 こずつ箱に入れると、26 こ入りの箱は何箱できて、何こあまりますか。

式 □÷□＝□ あまり □

答え　　箱，あまり　　こ

月　　日

わり算（÷2けた）⑨

名前

☆　うずらのたまごが760こあります。これを22こずつ箱に入れると、22こ入りの箱は何箱できますか。

			3	
2	2	)7	6	0
		6	6	
		1	0	0

式　760 ÷ 22 ＝ 34 あまり 12

答え　　　箱

あまりの12こでは
1箱になりません。

1　色紙が550まいあります。これを26まいずつ配っていくと、何人に配れますか。

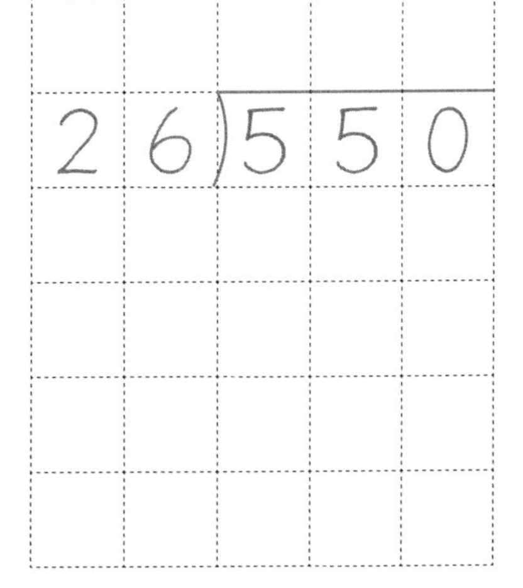

式　550 ÷ □ ＝ □ あまり □

答え　　　人

☆　画用紙１まいから18まいのカードが作れます。このカードを430まい作るには、画用紙は何まいいりますか。

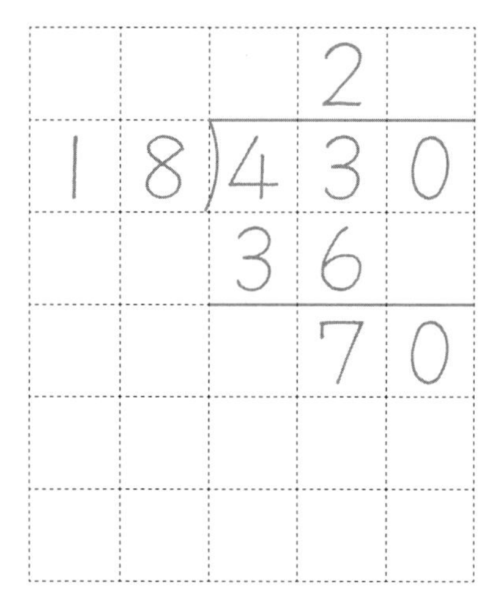

式

430 ÷ 18 ＝ 23 あまり 16

あまりの16こも１まいと考えます。

答え　　まい

[2]　500この荷物を１回に32こずつトラックで運びます。全部の荷物を運ぶには、何回かかりますか。

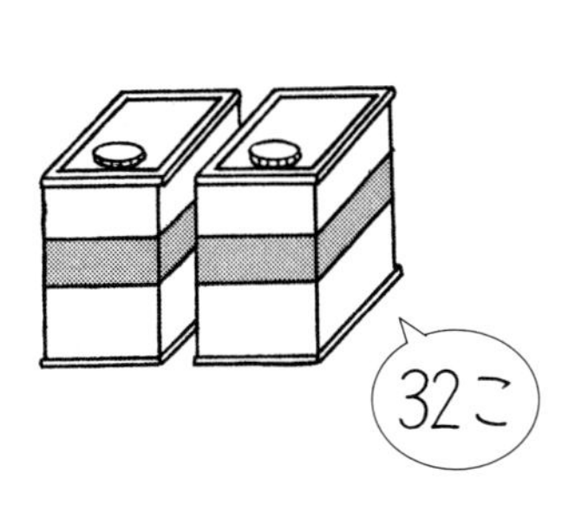

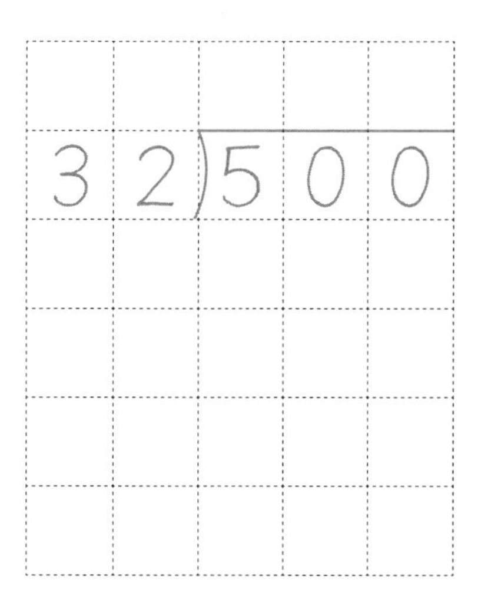

式　500 ÷ □ ＝ □ あまり □

答え　　回

まとめ

わり算（÷2けた）

月　日　点

名前

1 きゅうりが98本あります。これを24本ずつ箱に入れると、24本入りの箱は、何箱できますか。（式10点，答え10点）

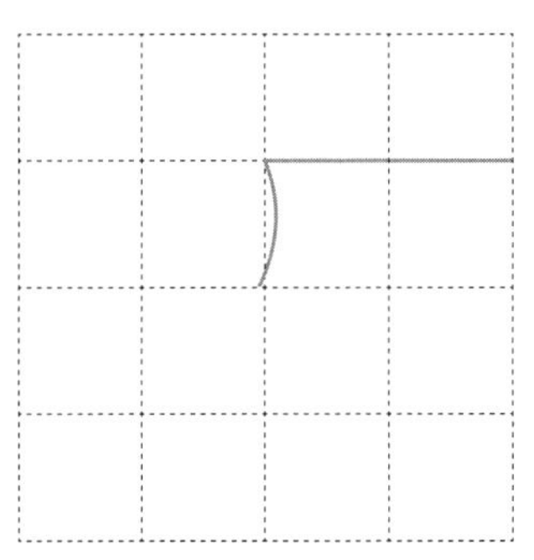

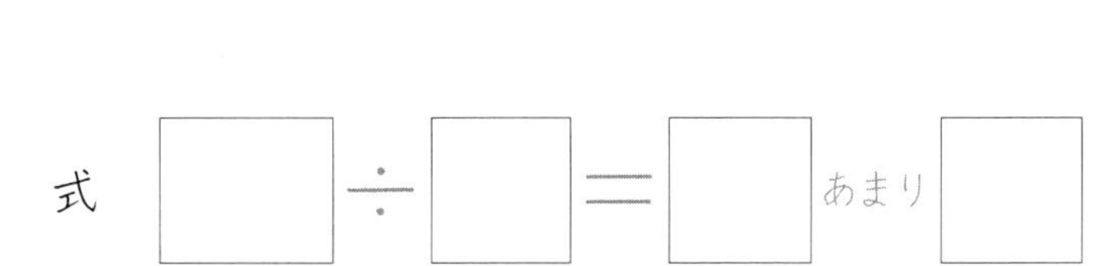

式 □÷□＝□ あまり □

答え　箱

2 画用紙が112まいあります。28人で同じ数ずつ分けると、1人分は何まいになりますか。（式10点，答え10点）

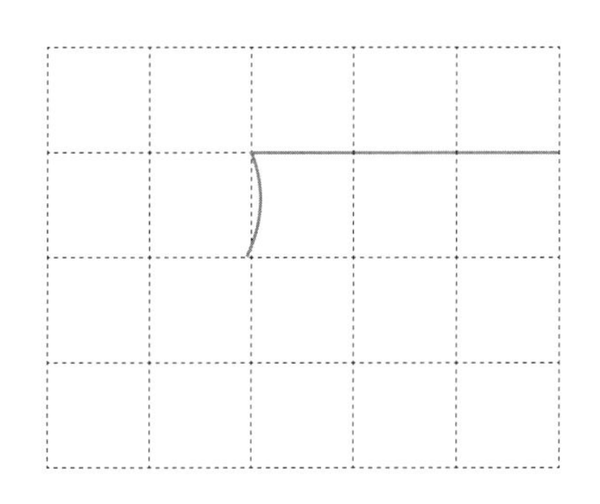

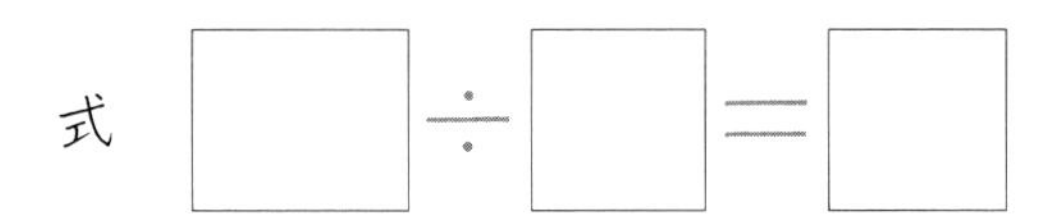

式 □÷□＝□

答え　まい

3 色紙が180まいあります。これを1人に25まいずつ配ると、何人に配れますか。（式10点，答え10点）

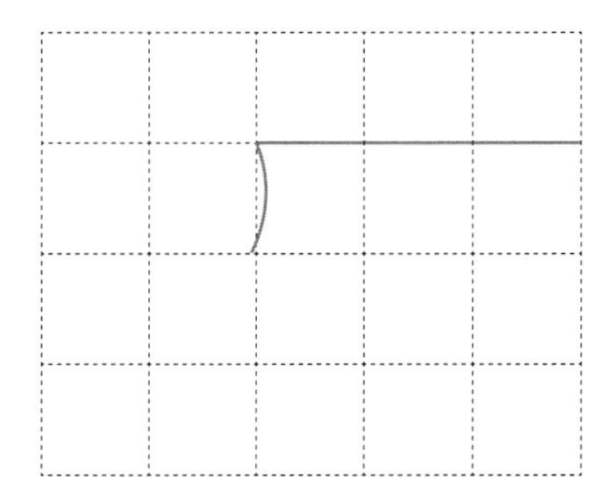

式 □÷□＝□ あまり □

答え　人

4　スプーンが600本あります。これを35本ずつ箱に入れると、35本入りの箱は何箱できますか。

（式10点，答え10点）

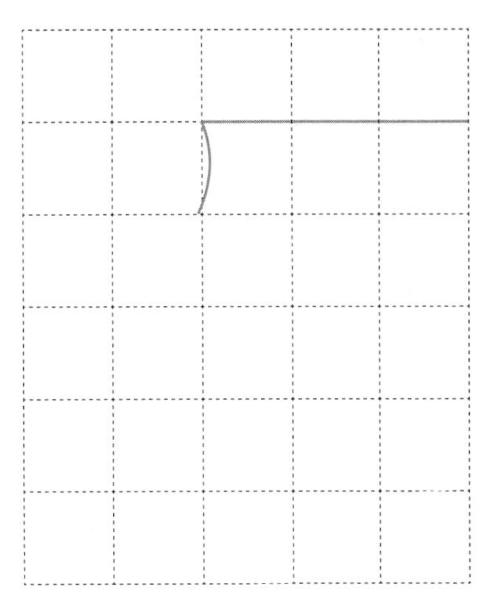

式 □ ÷ □ ＝ □ あまり □

答え　　　箱

5　おりづるを200わ作ります。1日に16わずつ作っていくと、全部作るのに何日間かかりますか。

（式10点，答え10点）

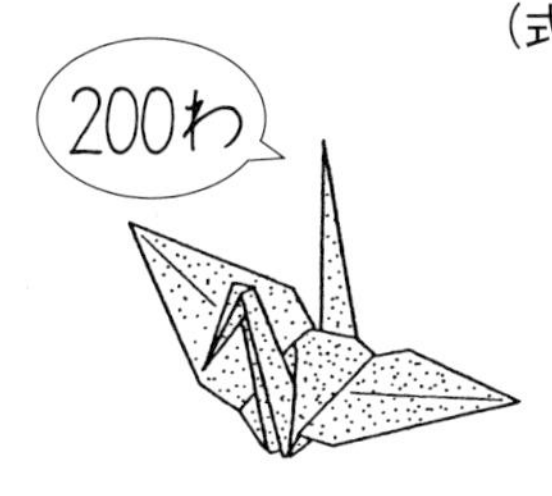

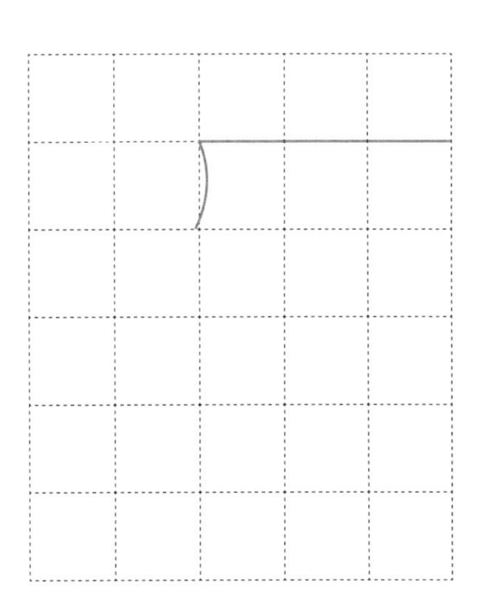

式 □ ÷ □ ＝ □ あまり □

答え　　　日間

月　日

小数のたし算・ひき算 ①

名前

☆　リボンを2.3m切りとりました。
あと、4.2m残（のこ）っています。
はじめにリボンは何mありましたか。

	2.	3
＋	4.	2
	6.	5

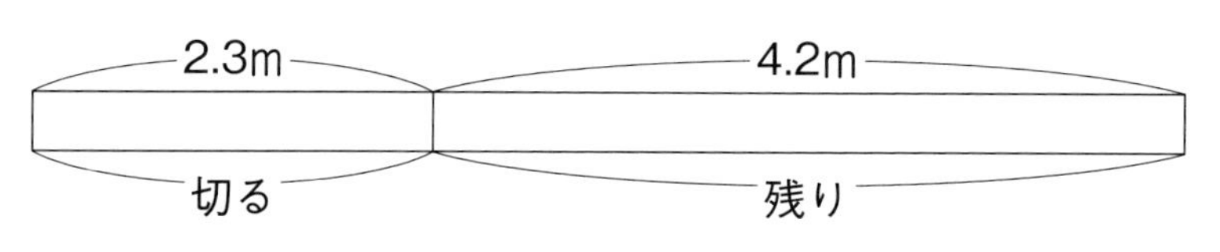

式　2.3＋4.2＝6.5

答え　　　m

1　はり金を3.2m使いました。
あと、5.4m残っています。
はじめにはり金は何mありましたか。

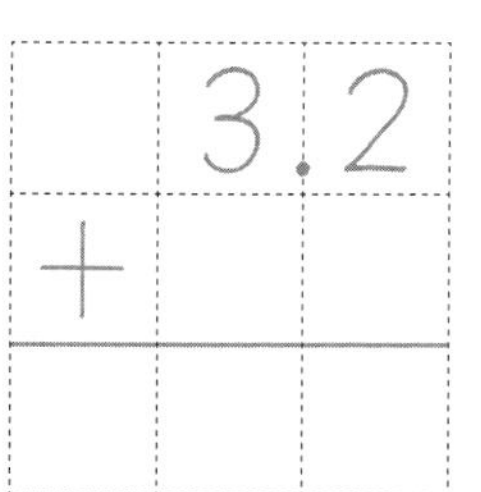

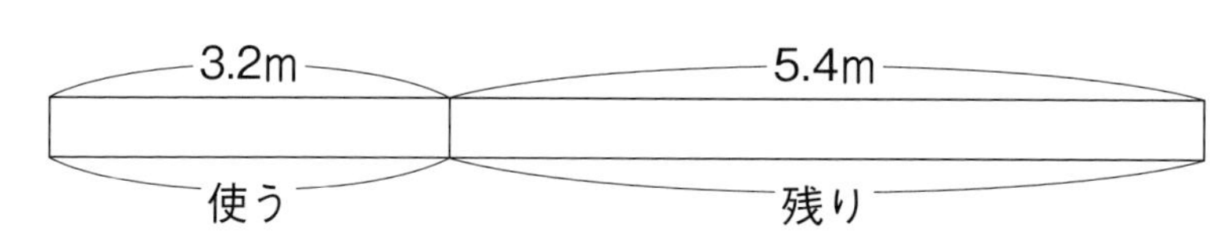

式　3.2＋5.4＝

答え　　　m

2 4kgの荷物と3.6kgの荷物があります。この2つの荷物を合わせると、何kgになりますか。

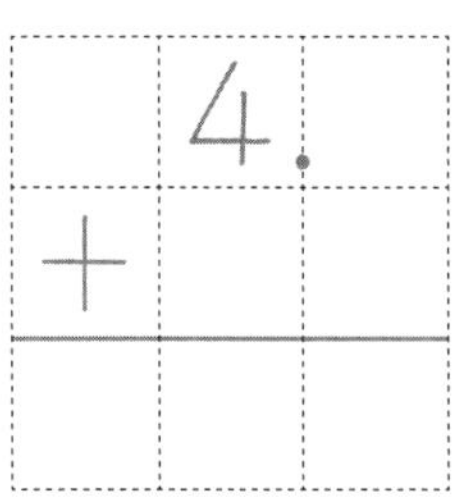

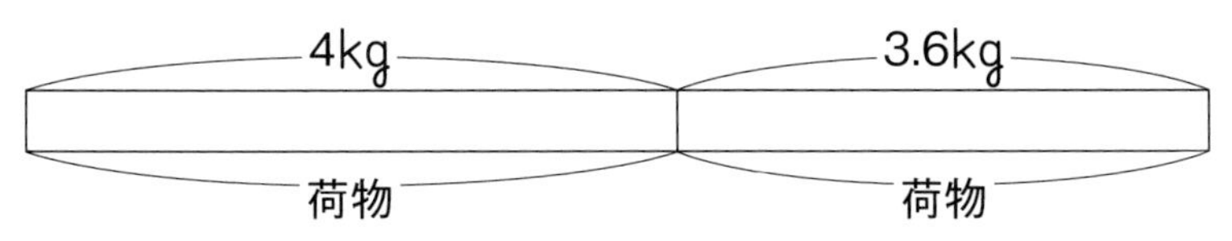

小数点の場所に注意しよう

式 4 + □ = □

答え kg

3 てんぷら油がびんに0.3Lあります。かんに1.4Lあります。

2つのてんぷら油を合わせると何Lになりますか。

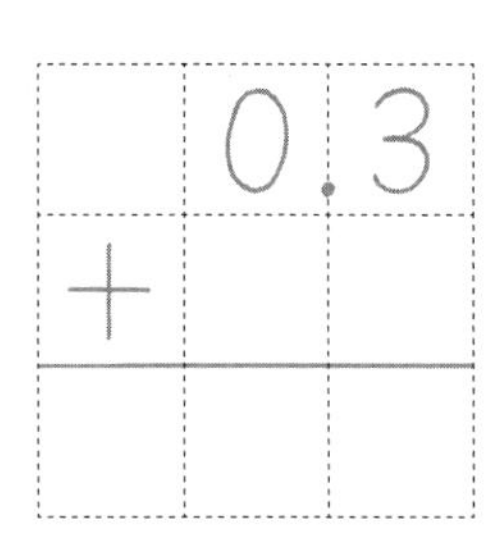

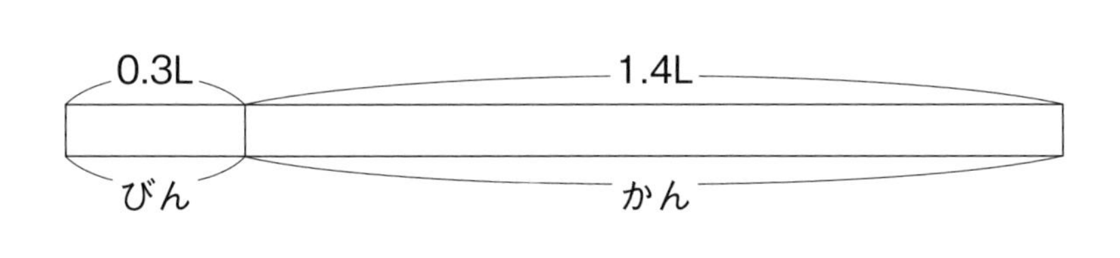

式 □ + □ = □

答え L

月　　日

小数のたし算・ひき算 ②

名前

☆　0.8 kgの入れ物に、さとうを3.2 kg入れました。
全体の重さは何kgになりますか。

	0	.8
＋	3	.2
	4	.0

0.8kg　3.2kg
入れ物　さとう

小数点も忘れずに消しましょう。

式　0.8 ＋ 3.2 ＝ 4

答え　　kg

1　1.4 kgの入れ物に、4.6 kgの大豆(だいず)を入れました。
全体の重さは何kgになりますか。

	1	.4
＋		

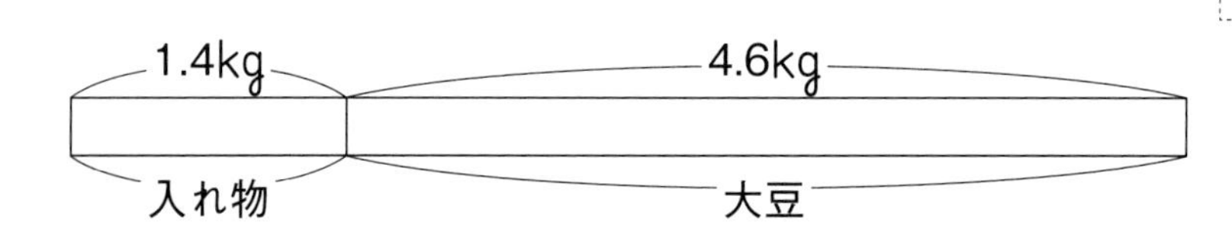

式　1.4 ＋ 4.6 ＝

答え　　kg

2 2.6tのすながトラックに積(つ)まれています。そこへ、もう1.4tのすなを積みこみました。
全体のすなの重さは何tになりますか。

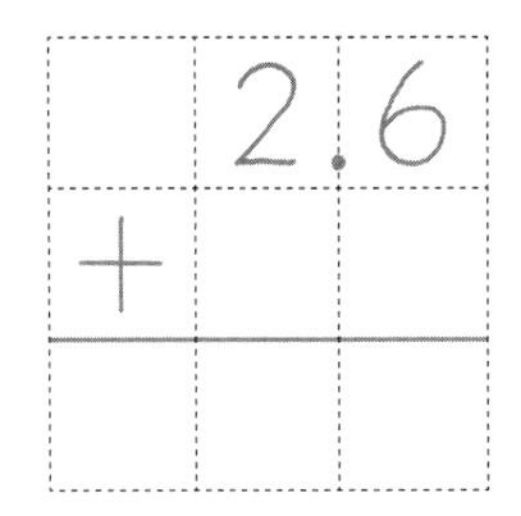

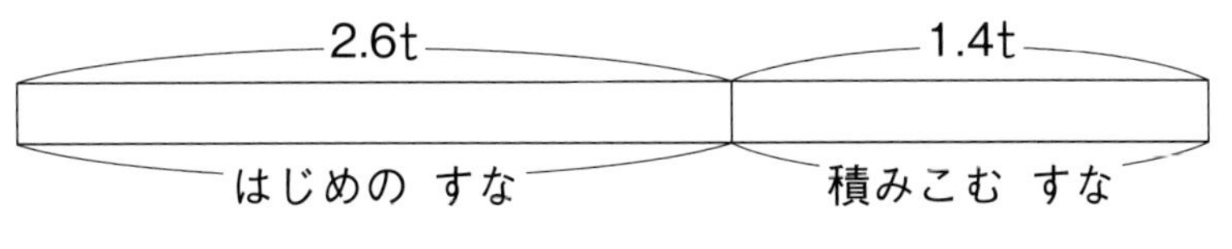

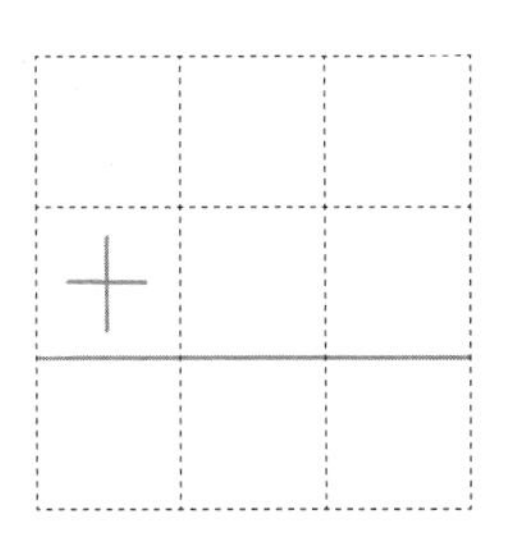

式 2.6 ＋ □ ＝ □

答え　　　t

3 あつさが4.5cmの国語辞典(じてん)と、あつさが3.5cmの漢字辞典があります。
2つを重ねて置(お)くと、あつさは何cmになりますか。

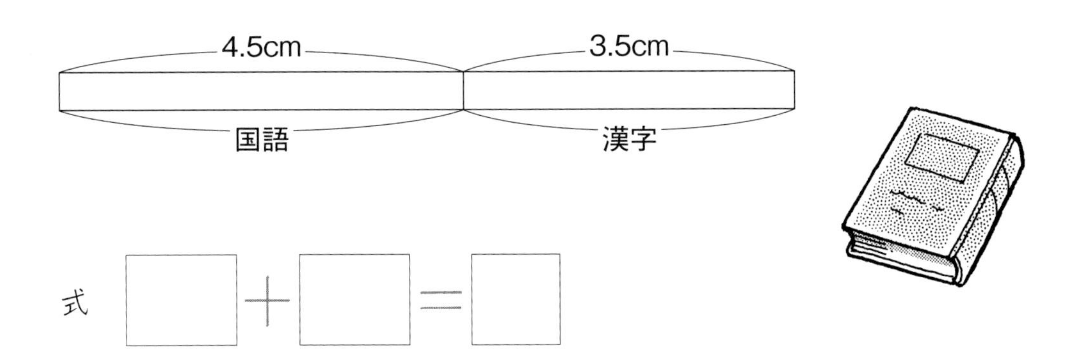

式 □ ＋ □ ＝ □

答え　　　cm

月　　日

小数のたし算・ひき算 ③

名前

☆　ジュースが紙パックに1.25 L、ペットボトルに1.54 L入っています。ジュースは合わせて何Lになりますか。

	1.	2	5
＋	1.	5	4
	2.	7	9

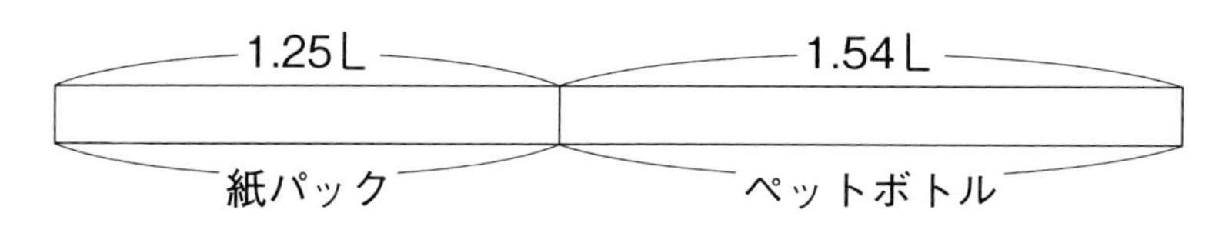

式　1.25 ＋ 1.54 ＝ 2.79

答え　　　　L

1　みんなでジュースを2.25L飲みました。まだ0.4L残(のこ)っています。
　ジュースははじめ何Lありましたか。

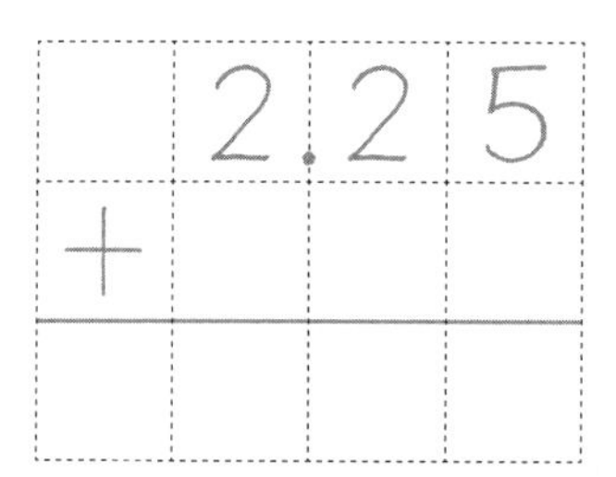

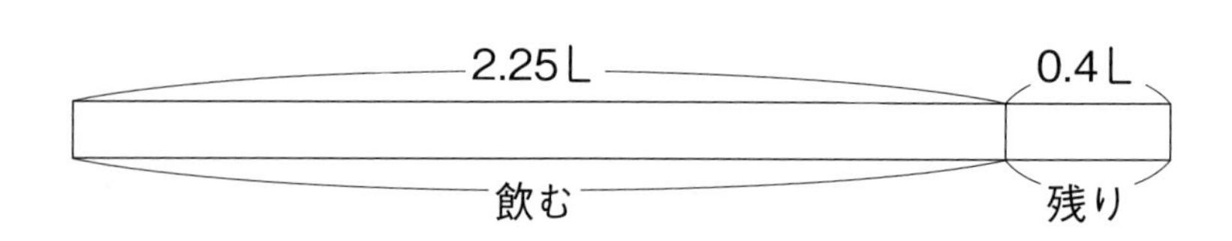

式　2.25 ＋ 0.4 ＝

答え　　　　L

2 家から2.55kmのところを歩いています。あと1.05km歩くと植物園に着きます。
家から植物園までは何kmですか。

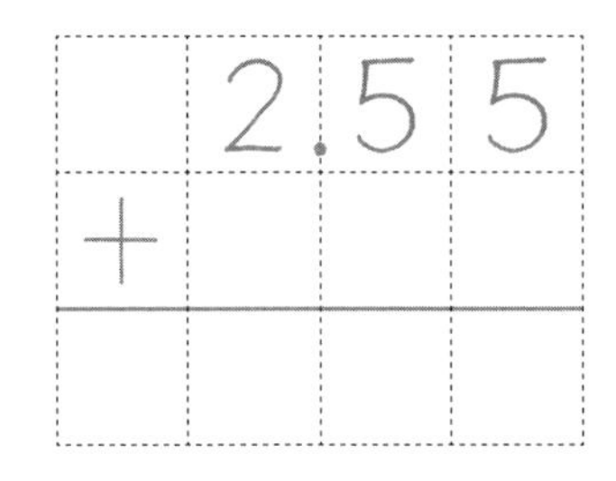

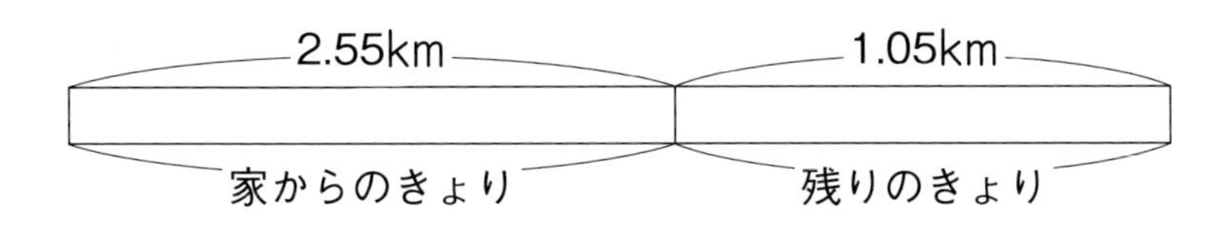

式 2.55 ＋ □ ＝ □

答え　　km

3 子ねこの体重は2.35kgです。
親ねこの体重は子ねこより3.65kg重いです。
親ねこの体重は何kgですか。

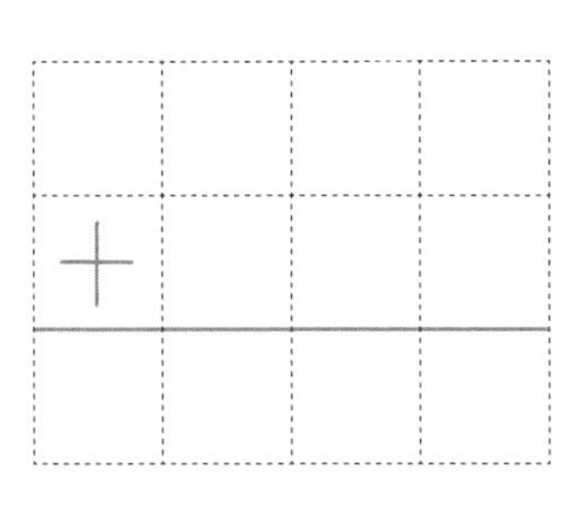

2.35kg　3.65kg
子ねこ　子ねこより重い

式 □ ＋ □ ＝ □

答え　　kg

月　日

小数のたし算・ひき算 ④

名前

☆　やかんに水が1.2Lあります。そのうち、水0.7Lを水とうに入れました。水は何L残(のこ)っていますか。

	1	.2
−	0	.7
	0	.5

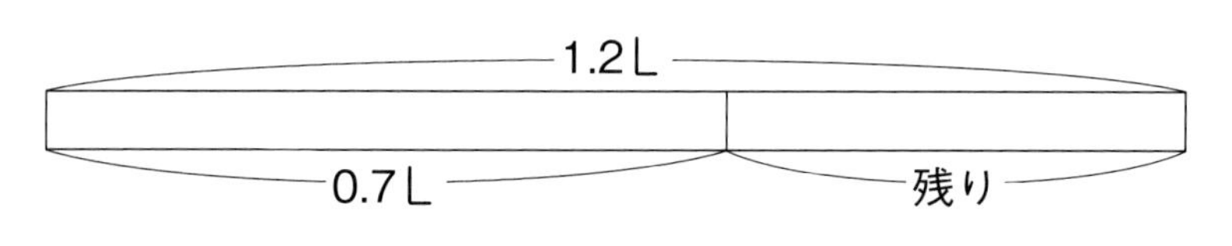

式　1.2 − 0.7 ＝ 0.5

答え　　L

1　長さが3.2mのロープがあります。そのうち、ロープを2.7m使いました。ロープは何m残っていますか。

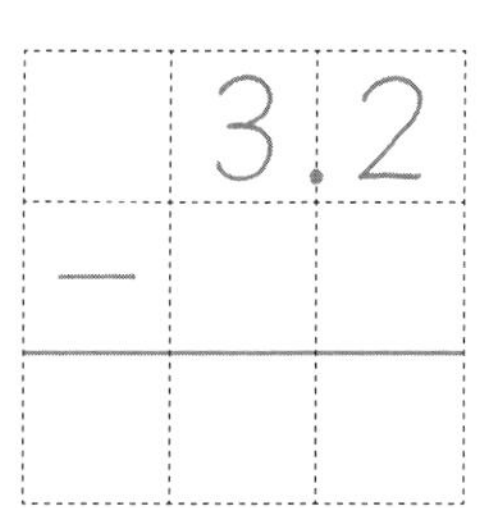

3.2m
2.7m
残り

式　3.2 − 2.7 ＝ □

答え　　m

2　７kmはなれたおじさんの家まで自転車で行きました。

４.５kmのところまできました。あと何kmありますか。

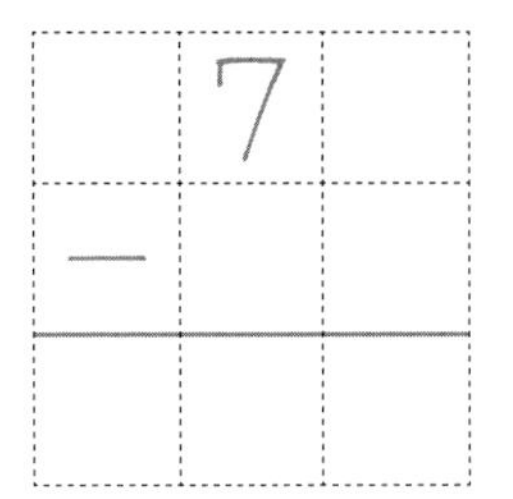

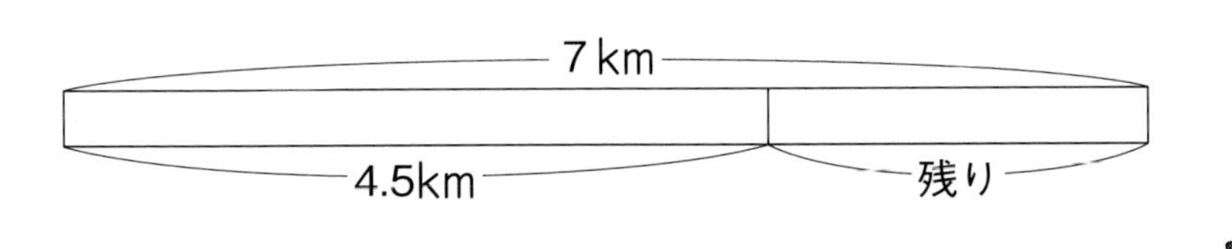

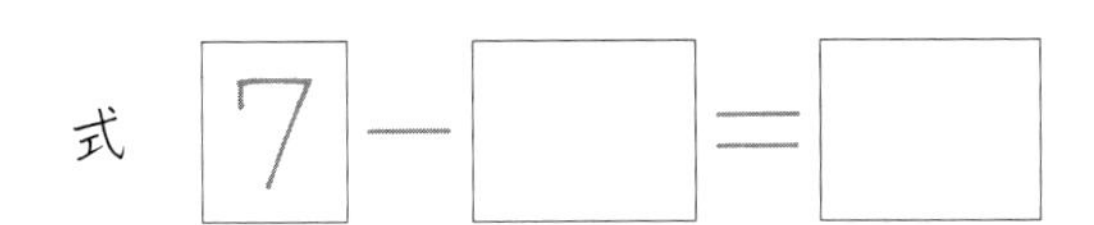

式

答え　　　　km

3　米が４.３kgあります。

今日、米を１.４kg使いました。

米は何kg残っていますか。

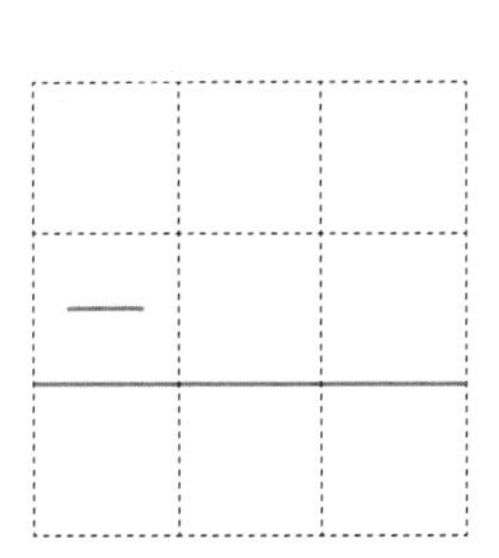

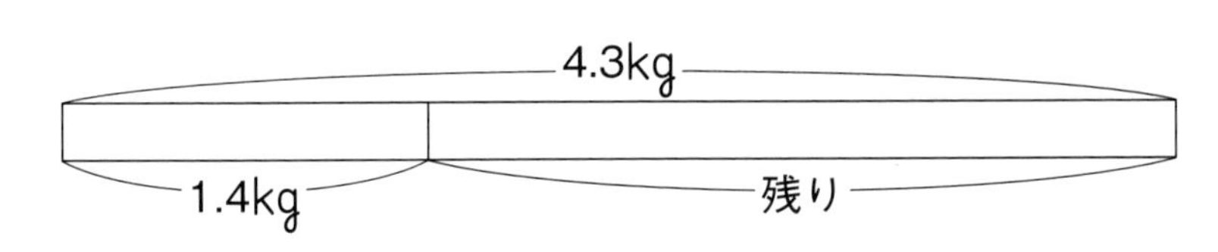

式　□ － □ ＝ □

答え　　　　kg

小数のたし算・ひき算 ⑤

月　日

名前

☆　米が3.6kgありました。
今日、米を1.6kg使いました。
米は何kg残(のこ)っていますか。

	3	.6
−	1	.6
	2	.0

3.6kg

1.6kg　　残り

式　3.6 − 1.6 = 2

答え　　kg

1　さとうが5.7kgありました。
今日、さとうを1.7kg使いました。
さとうは何kg残っていますか。

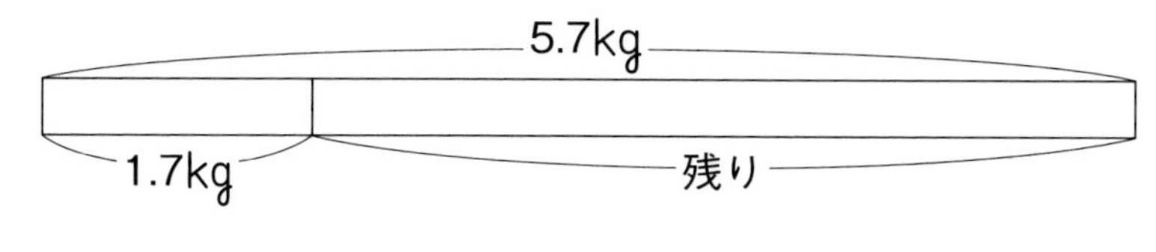

式　5.7 − 1.7 =

答え　　kg

2 ロープが8.5mありました。
今日、ロープを2.5m使いました。
ロープは何m残っていますか。

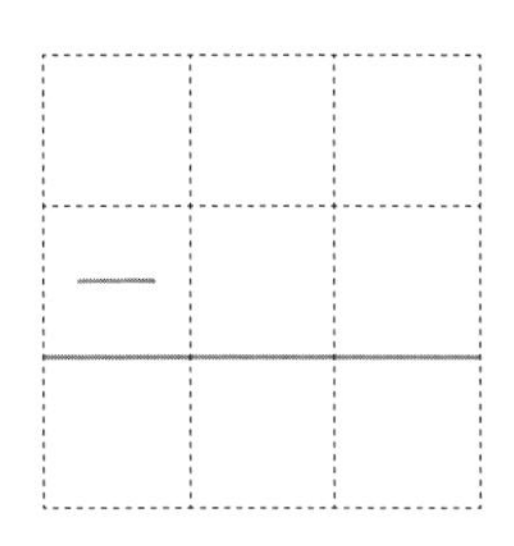

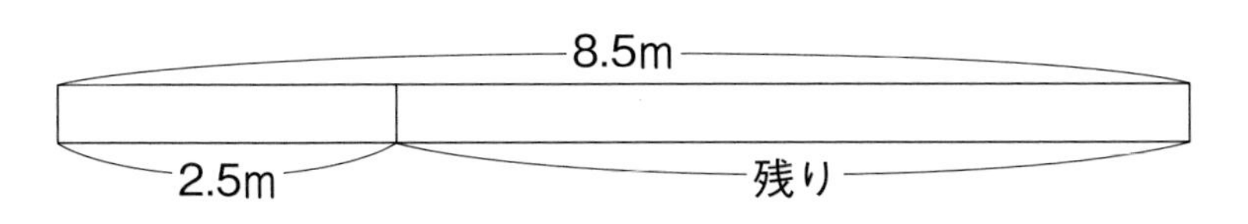

式 8.5－□＝□

答え　m

3 しょうゆが6.3Lありました。
今日、しょうゆを1.3L使いました。
しょうゆは何L残っていますか。

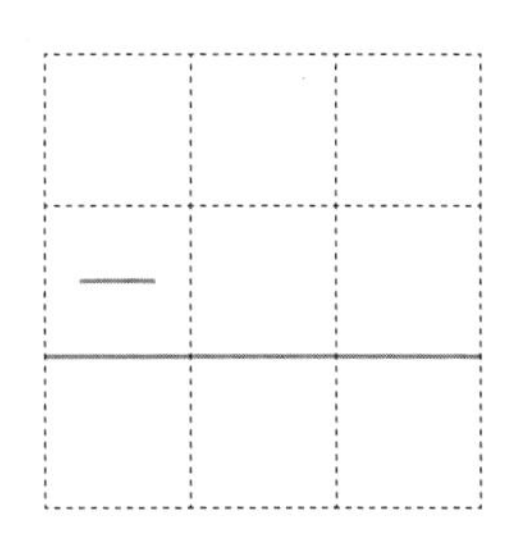

6.3L
1.3L
残り

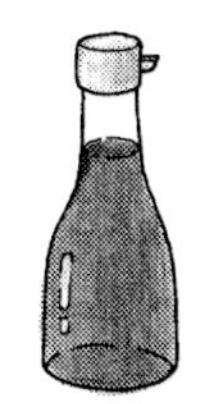

式 □－□＝□

答え　L

小数のたし算・ひき算 ⑥

月　日　名前

☆　重さ1.26kgの入れ物に米を入れると、全体の重さは6.58kgになります。
　米だけの重さは何kgになりますか。

	6	5	8
−	1	2	6
	5	3	2

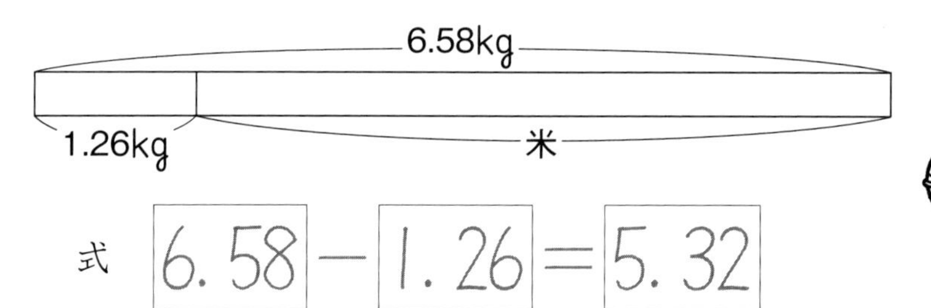

式　6.58 − 1.26 = 5.32

答え　　　kg

1　重さ0.75kgのふくろに米を入れました。全体の重さは4.97kgになりました。米の重さは何kgになりますか。

	4	9	7
−			

4.97kg
0.75kg
残り

式　4.97 − 0.75 =

答え　　　kg

2 5.32 kmはなれた山に向かって歩いています。2.3 kmを歩きました。
あと何kmで着きますか。

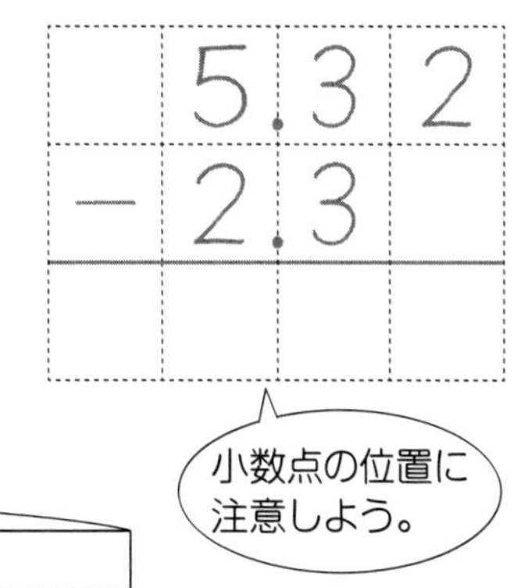

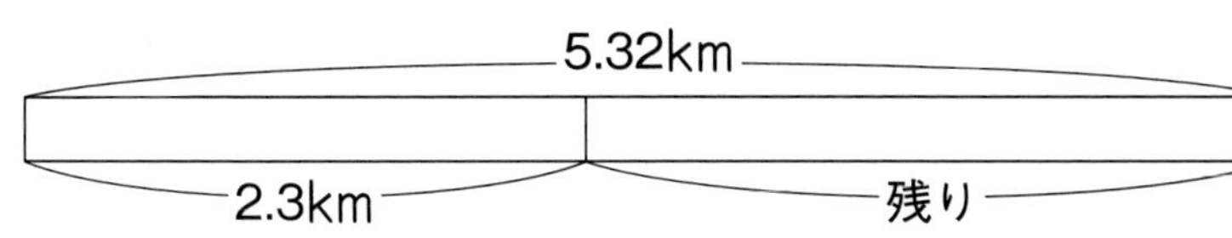

式 5.32 − □ = □

答え　　　km

3 長さ7.65 mのロープがあります。
そのうち、ロープを4.6 m使いました。
あと何m残(のこ)っていますか。

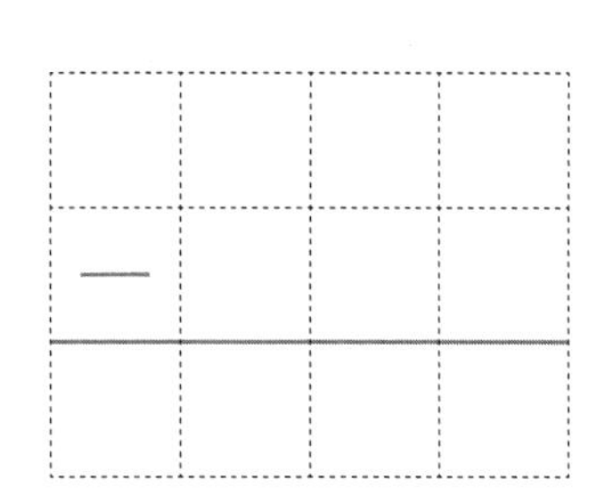

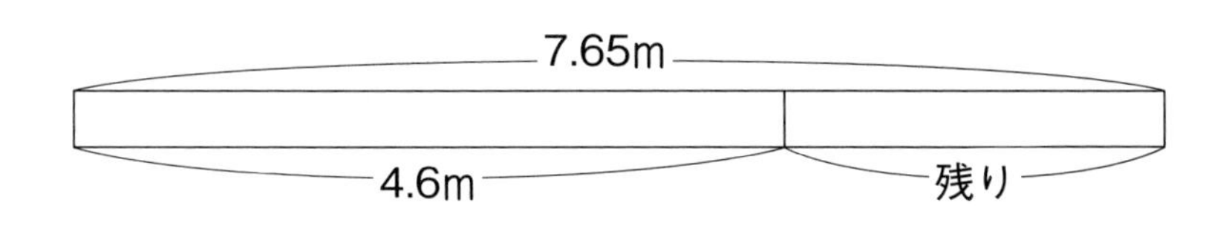

式 □ − □ = □

答え　　　m

まとめ

小数のたし算・ひき算

月　日　点

名前

1　みんなでジュースを 1.25L飲みました。まだ、1.5L残(のこ)っています。ジュースは、はじめ何Lありましたか。（式10点，答え10点）

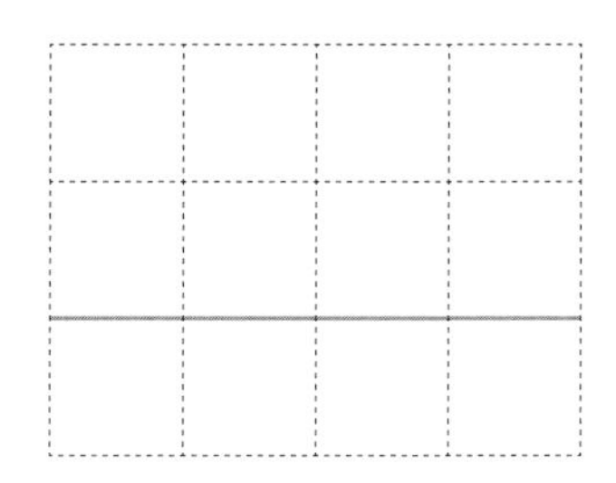

式 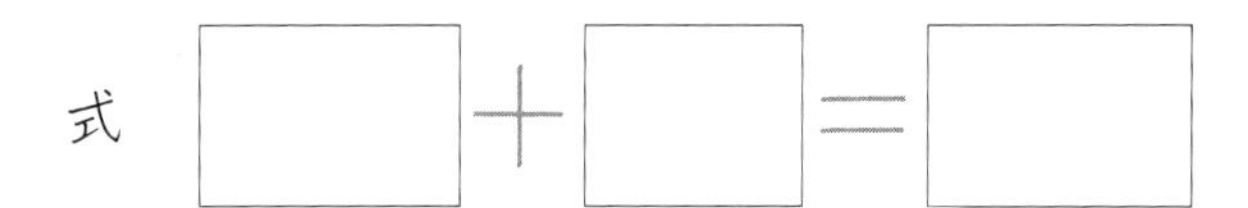

答え　　　L

2　重さ 0.7kgの入れ物に、米を入れてはかると 6.25kgになりました。米だけの重さは何kgですか。（式10点，答え10点）

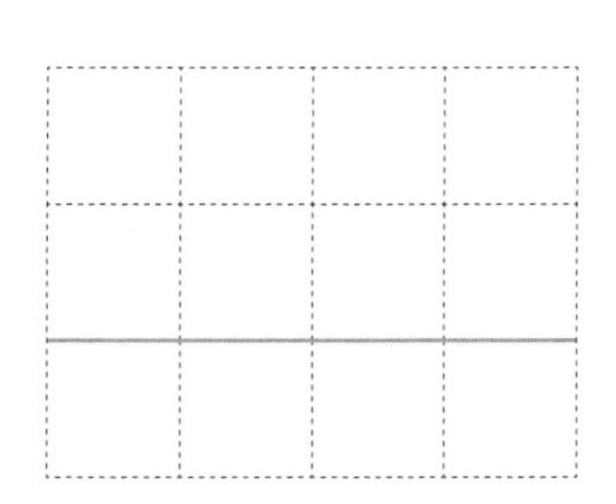

式 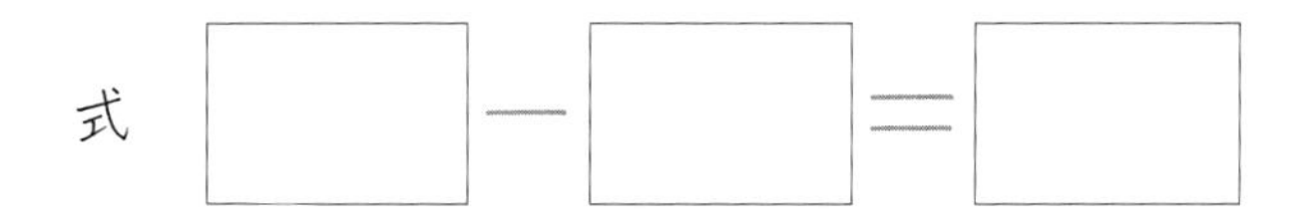

答え　　　kg

3 あつさ3.8cmの国語辞典(じてん)とあつさ3.2cmの漢字辞典があります。

2つを重ねて置(お)くと、あつさは何cmになりますか。 (式10点，答え10点)

式 □＋□＝□

答え cm

4 6kmはなれたおばさんの家まで自転車で行きました。

4.5kmのところまできました。あと何kmありますか。 (式10点，答え10点)

式 □－□＝□

答え km

5 はり金を1.2m使いました。

あと5.3m残っています。

はじめ、はり金は、何mありましたか。

(式10点，答え10点)

式 □＋□＝□

答え m

月　　日

分数のたし算・ひき算 ①

名前

☆　しょうゆが、びんに$\frac{2}{4}$L入っています。そこへしょうゆを$\frac{1}{4}$L入れると、しょうゆは全部で何Lになりますか。

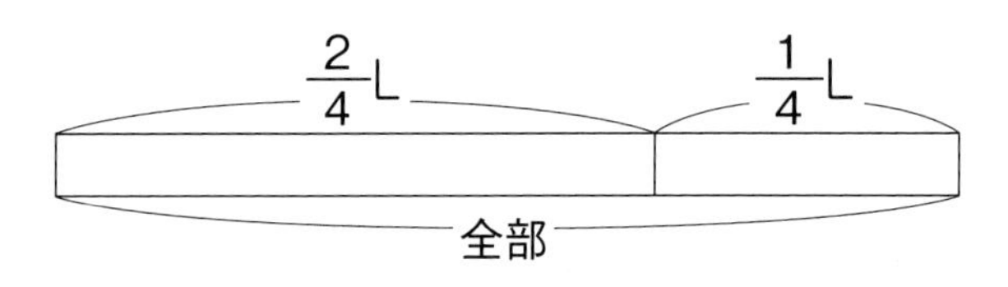

式　$\frac{2}{4}+\frac{1}{4}=\frac{3}{4}$　　　答え　$\frac{\ }{\ }$ L

1　ジュースが、びんに$\frac{2}{5}$L入っています。そこへジュースを$\frac{2}{5}$L入れました。ジュースは全部で何Lになりますか。

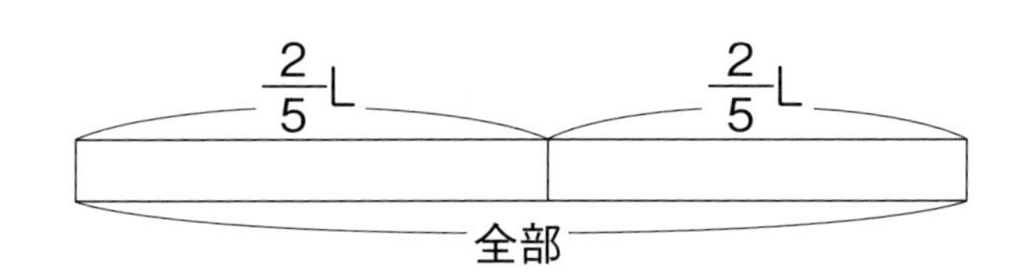

式　$\frac{2}{5}+\frac{\ }{\ }=\frac{\ }{\ }$

答え　$\frac{\ }{\ }$ L

2 赤いリボンが$\frac{3}{7}$m、青いリボンが$\frac{2}{7}$mあります。
2つのリボンをつなぐと何mになりますか。

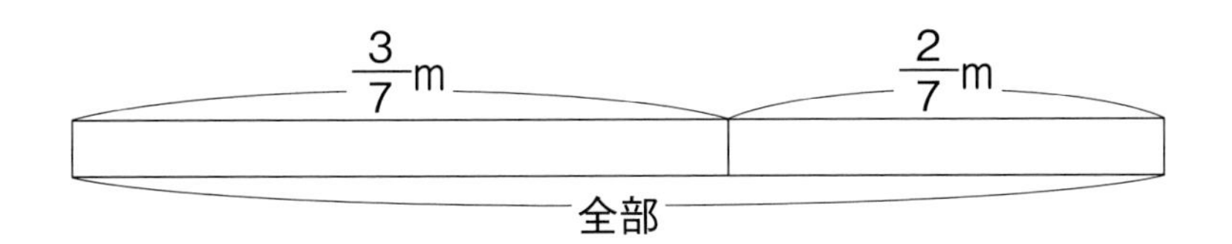

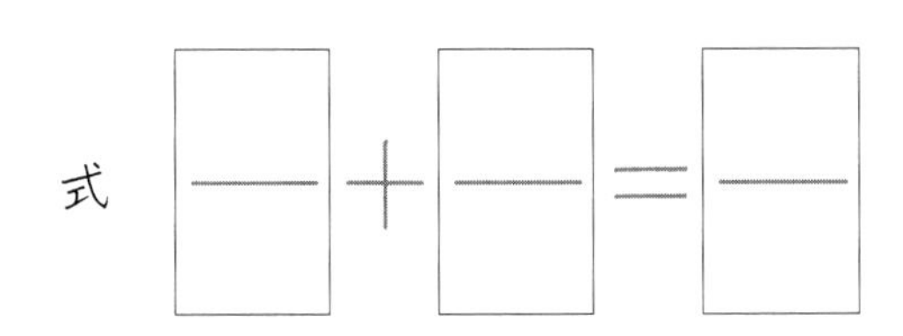

答え　—— m

3 麦茶を$\frac{1}{8}$L飲みました。まだ$\frac{3}{8}$L残(のこ)っています。
はじめ、麦茶は何Lありましたか。

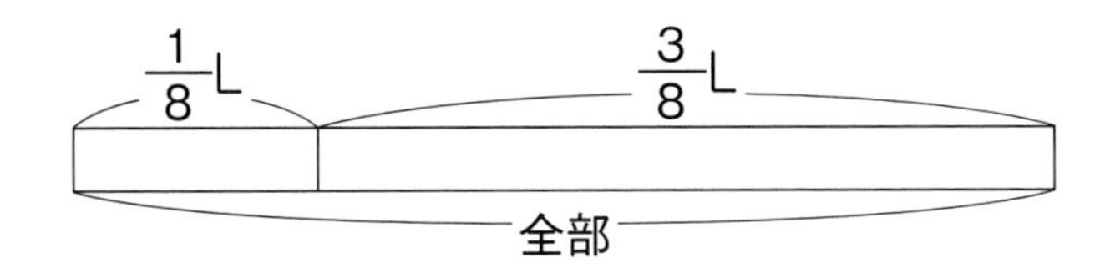

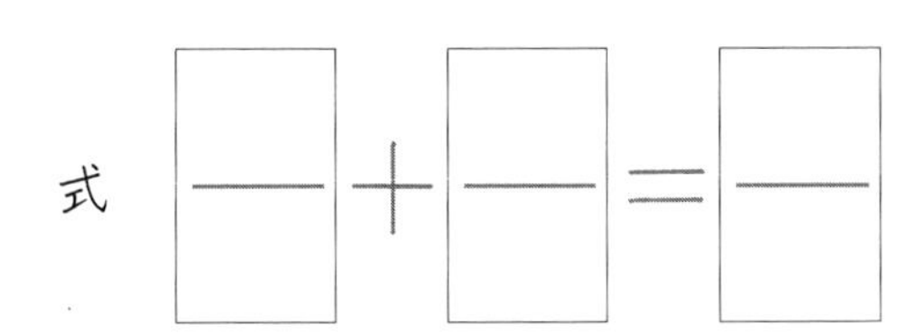

答え　—— L

分数のたし算・ひき算 ②

名前

☆　テープを$1\frac{3}{8}$m使ったので、残(のこ)りのテープは$2\frac{3}{8}$mになりました。もとのテープは何mありましたか。

$1\frac{3}{8}$m　　$2\frac{3}{8}$m

使う　　残り

式　$1\frac{3}{8}+2\frac{3}{8}=3\frac{6}{8}$

答え　　　—　m

1　リボンを$2\frac{4}{7}$m使ったので、残りのリボンは$3\frac{1}{7}$mになりました。もとのリボンは何mありましたか。

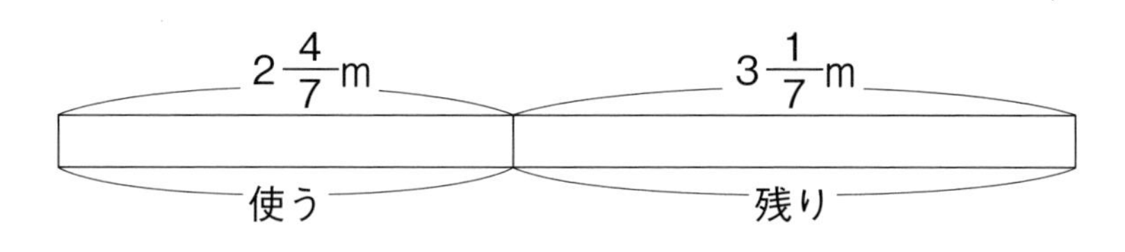

式　$2\frac{4}{7}+3\frac{1}{7}=$ □—

答え　　　—　m

2 米が$3\frac{3}{4}$kgあります。今日、米を$4\frac{2}{4}$kg買ってきました。
米は全部で何kgになりましたか。

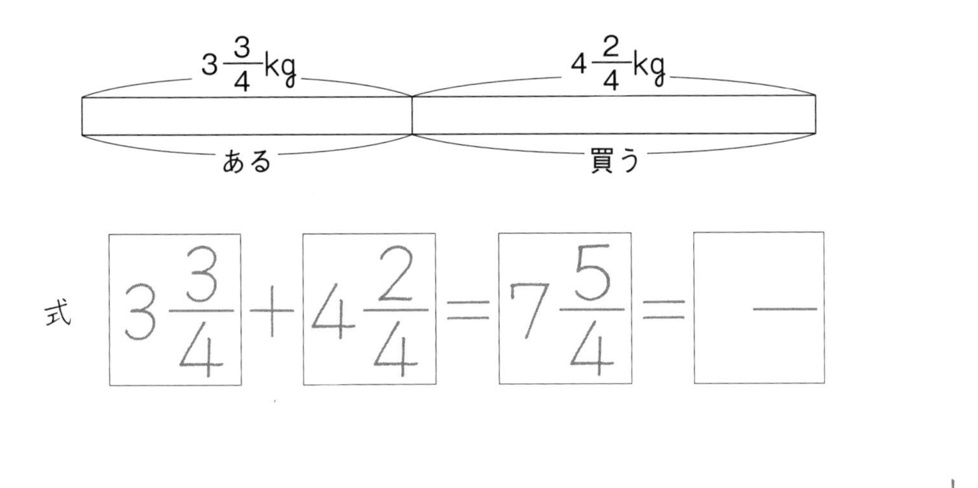

答え kg

3 家から学校までは$1\frac{2}{9}$kmはなれています。
学校から遊園地までは$2\frac{7}{9}$kmはなれています。
家から学校を通って遊園地までは何kmですか。

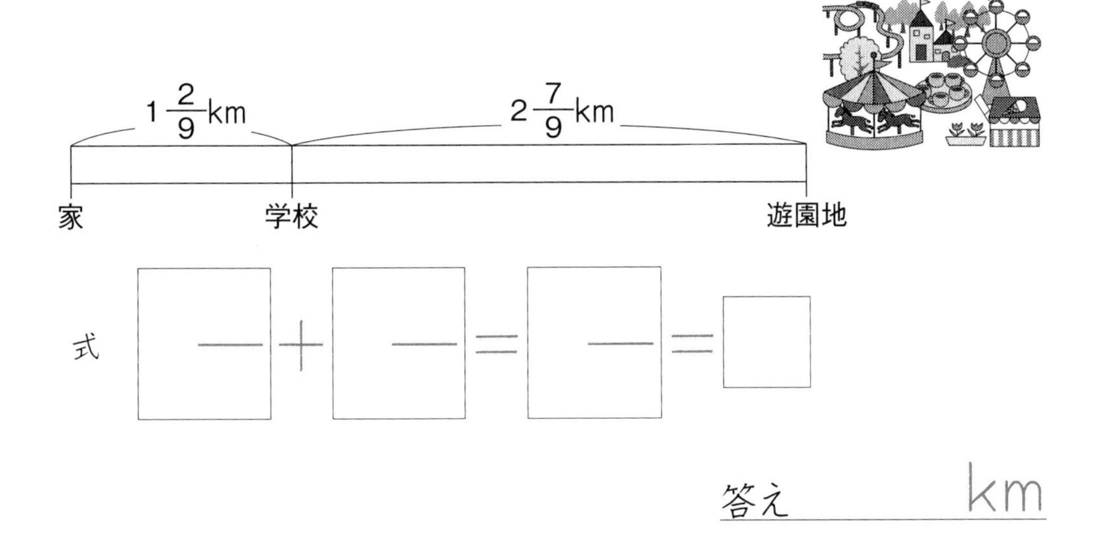

答え km

月　日

分数のたし算・ひき算 ③

名前

☆　しょうゆが$\frac{8}{9}$Lあります。そのうちの$\frac{2}{9}$L使うと、残り（のこり）は何Lになりましたか。

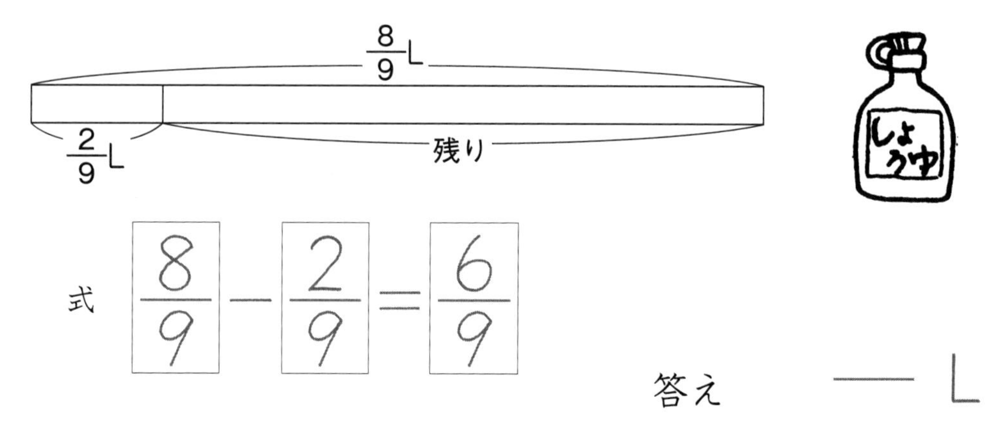

式　$\frac{8}{9}-\frac{2}{9}=\frac{6}{9}$

答え　$\frac{\quad}{\quad}$L

1　麦茶が$\frac{7}{8}$Lあります。今、$\frac{2}{8}$L飲みました。
残りは何Lになりましたか。

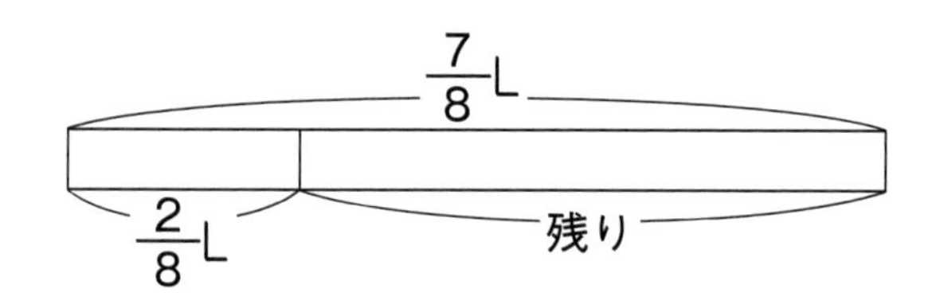

式　$\frac{7}{8}-\frac{2}{8}=\frac{\quad}{\quad}$

答え　$\frac{\quad}{\quad}$L

2 米が$\frac{9}{10}$kgあります。そのうち$\frac{4}{10}$kg使いました。
残りは何kgですか。

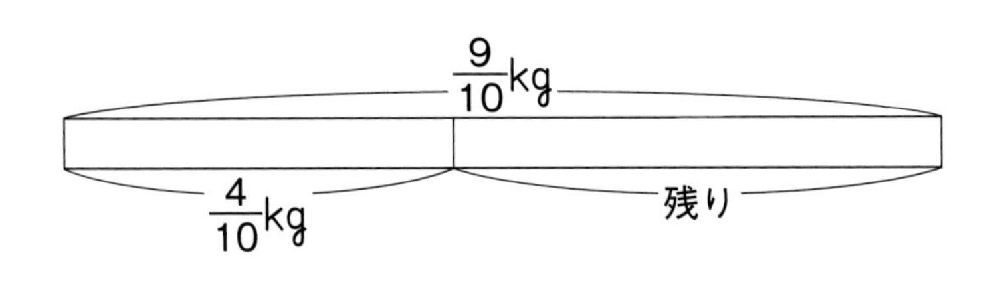

式 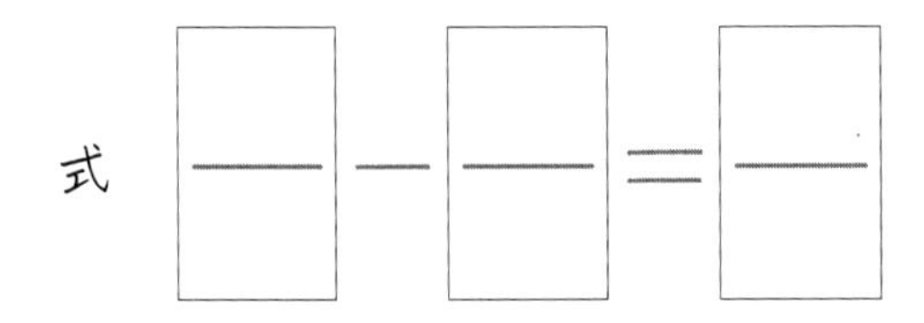

答え —— kg

3 1mのテープがあります。そのうち$\frac{3}{10}$m使いました。
残りは何mですか。

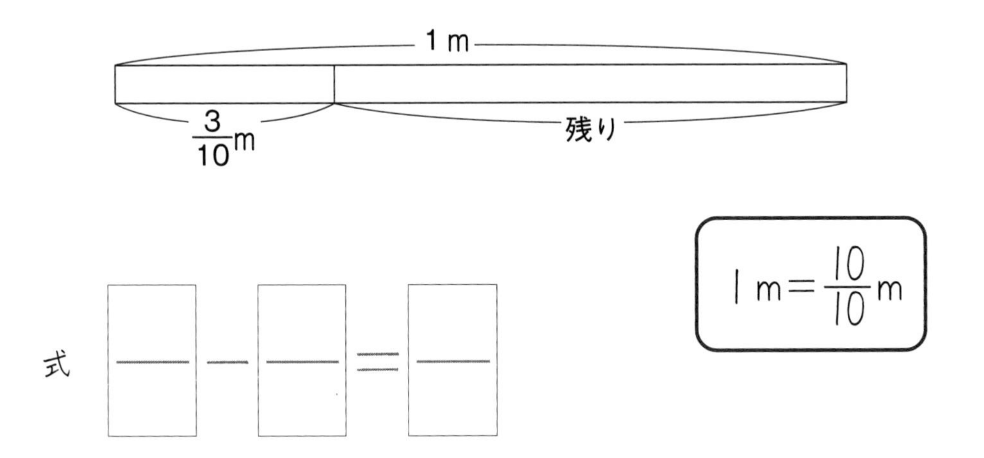

答え —— m

分数のたし算・ひき算 ④

名前

☆　米が$3\frac{3}{4}$kgあります。そのうちの$1\frac{2}{4}$kgを使うと残(のこ)りは何kgになりますか。

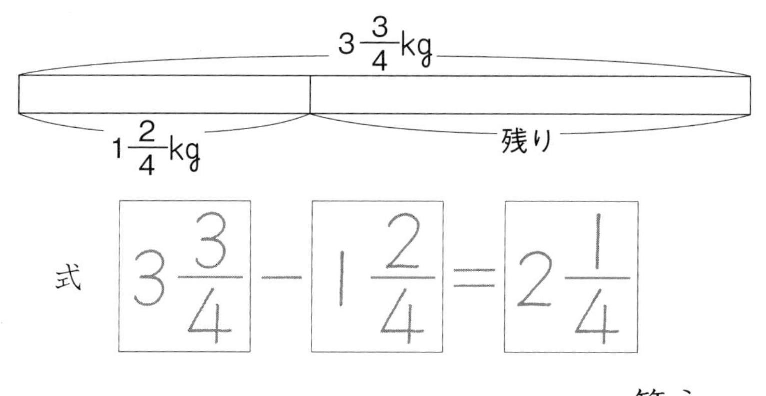

答え　—— kg

1　ロープが$4\frac{4}{5}$mあります。そのうちの$2\frac{3}{5}$m使うと、残りは何mになりますか。

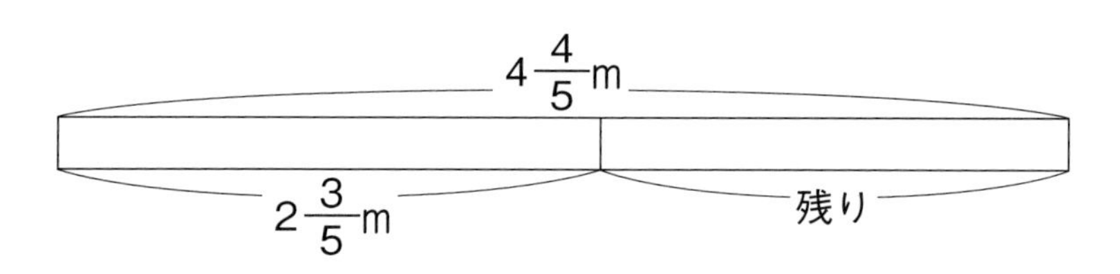

式　$4\frac{4}{5} - 2\frac{3}{5} =$ ——

答え　—— m

2 リボンが3mあります。そのうちの$1\frac{3}{5}$mを使うと、残りは何mになりますか。

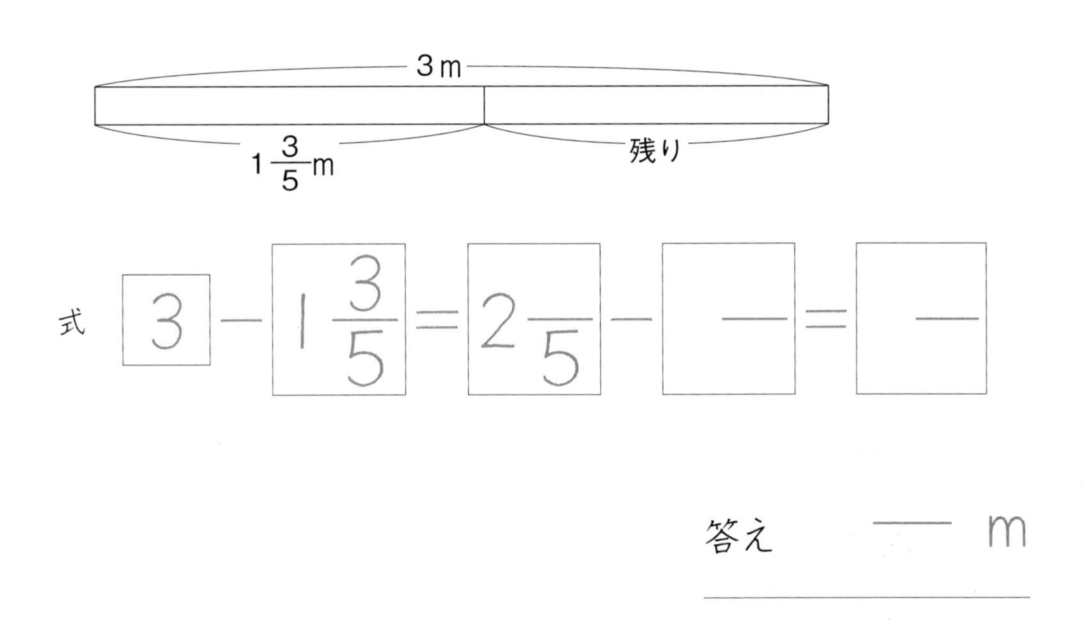

3 さつまいもが4kgあります。そのうちの$2\frac{2}{3}$kgをやきいもにすると、残りは何kgになりますか。

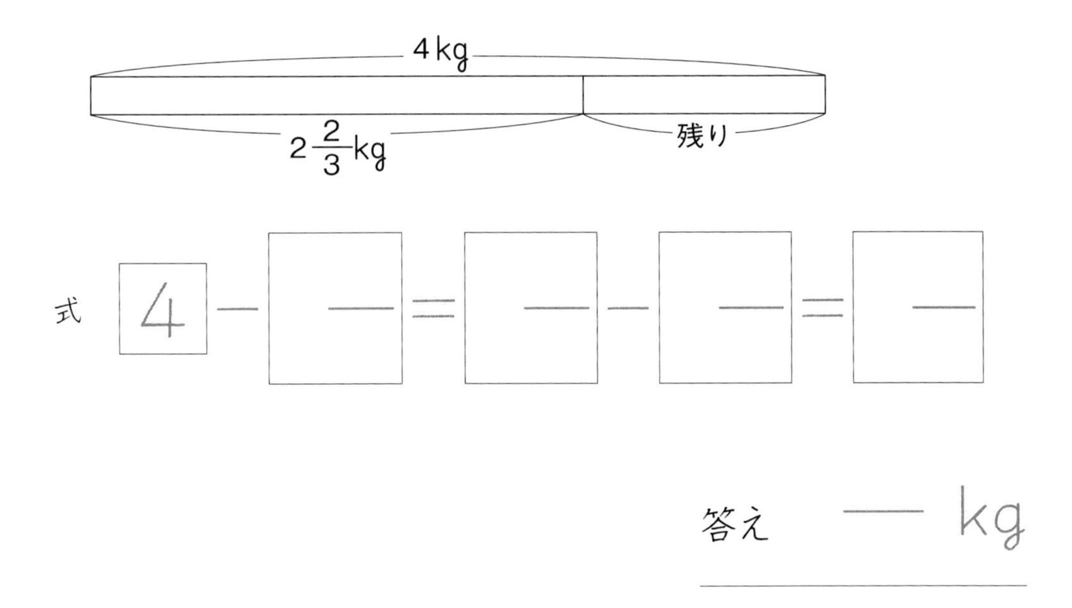

まとめ

分数のたし算・ひき算

月　日　点

名前

1　水がバケツに$5\frac{2}{7}$L入っています。そこへ水を$\frac{6}{7}$L入れると、水は全部で何Lになりますか。　（式10点，答え10点）

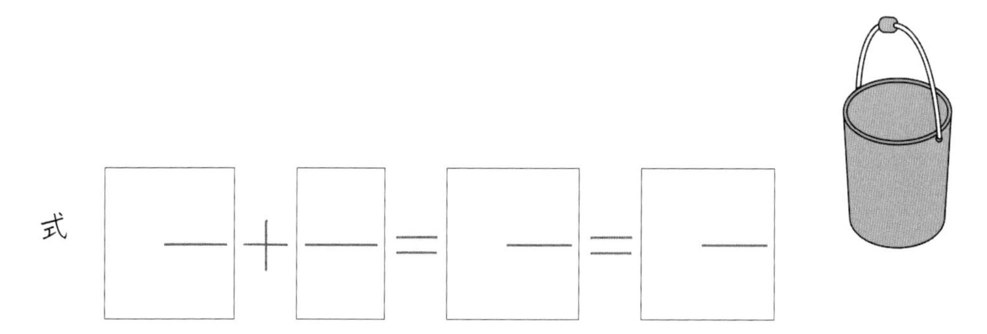

式　$\square\frac{}{} + \frac{}{} = \square\frac{}{} = \square\frac{}{}$

答え　$\frac{}{}$ L

2　赤いリボンが$\frac{7}{8}$mあります。青いリボンが$3\frac{1}{8}$mあります。リボンは合わせて何mありますか。　（式10点，答え10点）

式　$\frac{}{} + \square\frac{}{} = \square\frac{}{} = \square$

答え　m

③　麦茶が$1\frac{6}{8}$Lあります。そのうちの$\frac{5}{8}$L飲むと、残(のこ)りは何Lになりますか。

(式10点，答え10点)

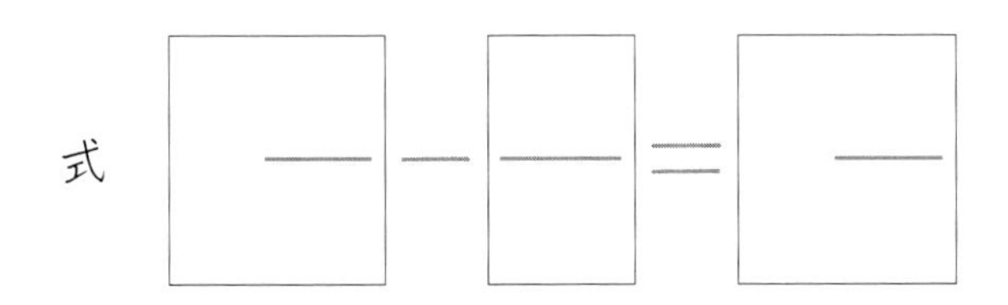

式 □ − □ ＝ □

答え　　L

④　米が$2\frac{7}{10}$kgあります。そのうちの$\frac{6}{10}$kg使いました。残りは何kgですか。

(式10点，答え10点)

式 □ − □ ＝ □

答え　　kg

⑤　2mのテープがあります。そのうちの$\frac{8}{10}$mを使いました。残りは何mですか。

(式10点，答え10点)

式 □ − □ ＝ □ − □ ＝ □

答え　　m

月　日

小数のかけ算 ①

名前

☆　１本の重さが3.7kgの鉄パイプがあります。この鉄パイプ５本分の重さは何kgになりますか。

	3.	7
×		5
1	8.	5

１本が3.7kgの
５本分の重さだ
から、かけ算です

式　3.7 × 5 ＝ 18.5

答え　　　　kg

1　ポリバケツに水を5.4Lずつ入れます。このポリバケツ６つ分の水の量(りょう)は何Lになりますか。

式　5.4 × 6 ＝ ［　　］

答え　　　　L

2　米をふくろに3.5kgずつ入れます。このふくろ5まいに米を入れると、全部で重さは何kgになりますか。

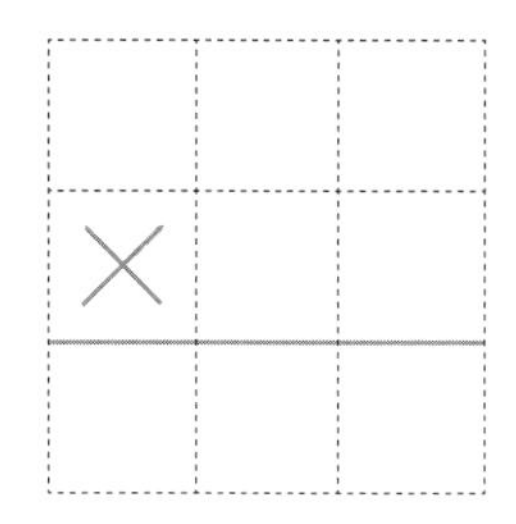

式 3.5 × □ ＝ □

答え　　　kg

3　1周(しゅう)が2.4kmあるジョギングのコースを、毎日1回走ります。1週間（7日間）走ると、全部で何kmになりますか。

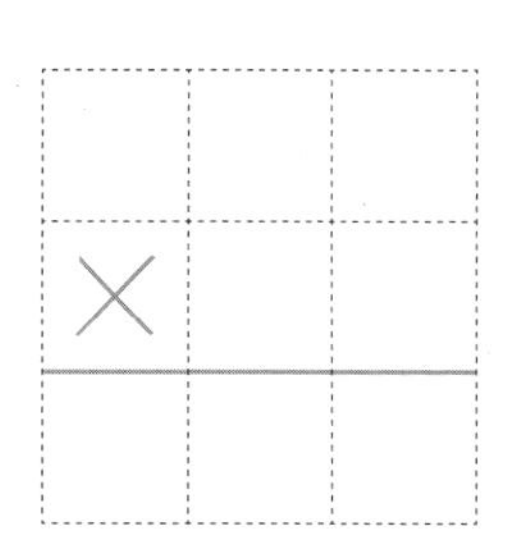

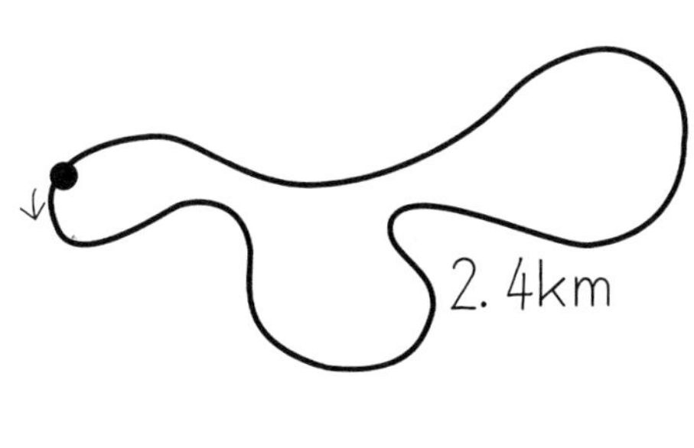

式 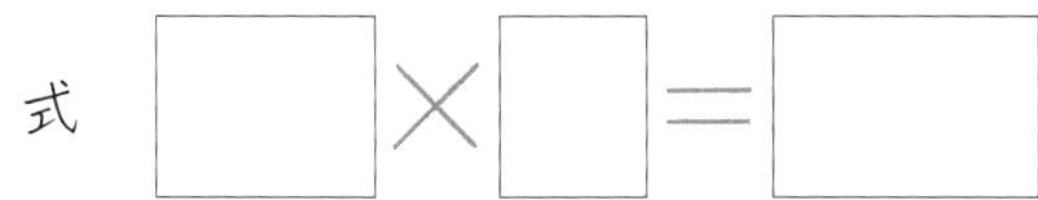

答え　　　km

小数のかけ算 ②

名前

☆　赤いテープの長さは2.45 mあります。白いテープの長さは赤いテープの長さの6倍です。白いテープの長さは何mになりますか。

	2.	4	5
×			6
1	4.	7	0

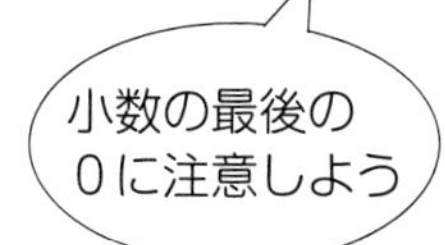

式　2.45 × 6 = 14.7

答え　　　m

1　1本の重さが3.24 kgの鉄のパイプがあります。この鉄のパイプ5本分の重さは何kgになりますか。

	3.	2	4
×			

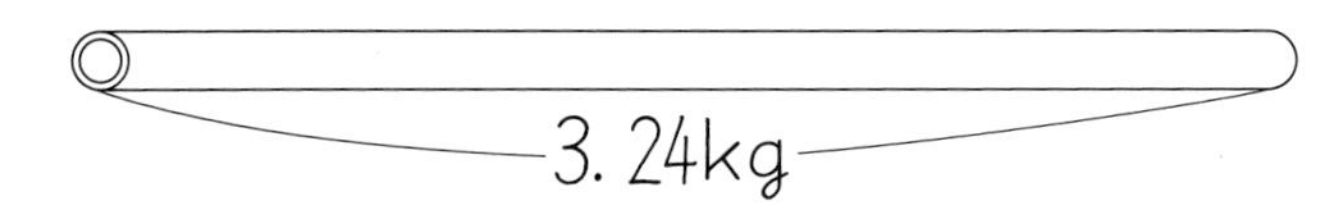

式　3.24 × 5 =

答え　　　kg

2 黄色のテープの長さは4.35mあります。青色のテープの長さは黄色のテープの長さの8倍です。青色のテープの長さは何mになりますか。

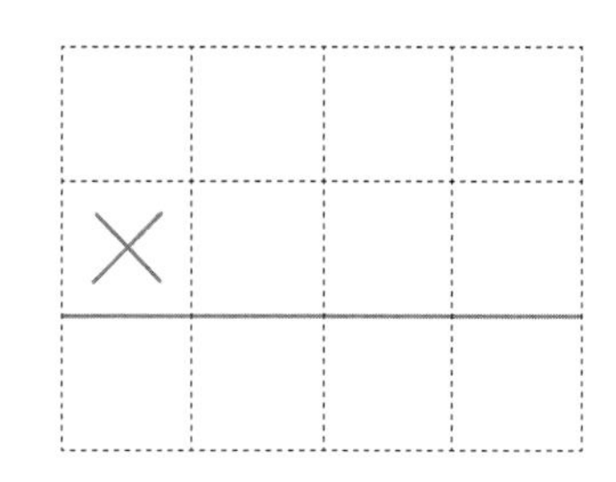

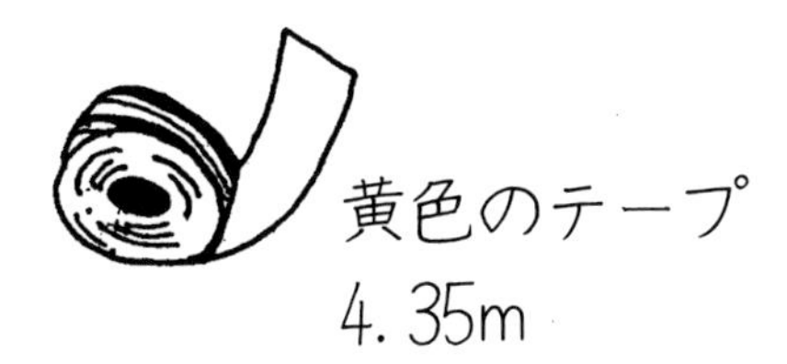

式 4.35 × □ = □

答え　　　　m

3 ダンボール1箱に木炭(もくたん)が3.25kg入っています。このダンボール4箱分の木炭の重さは何kgになりますか。

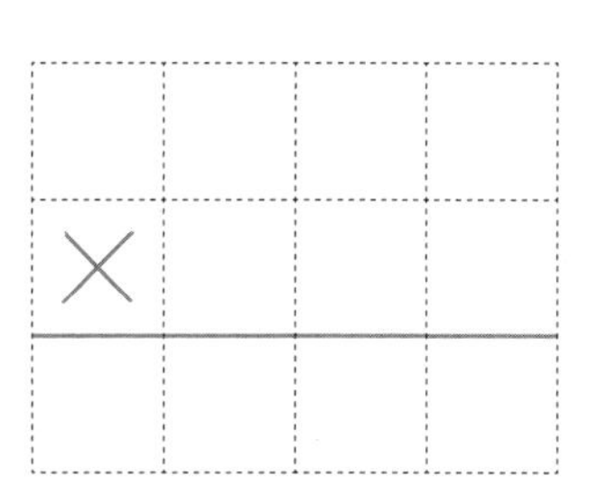

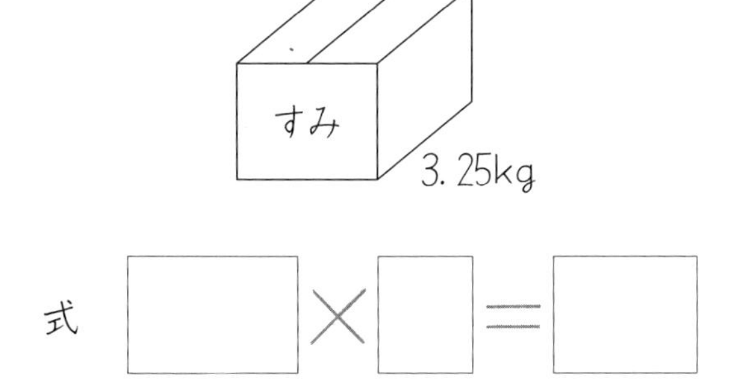

式 □ × □ = □

答え　　　　kg

月　　日

名前

小数のかけ算 ③

☆　ロープを2.5mずつ切っていくと、ちょうど35本とれました。もとのロープの長さは何mになりますか。

	2.	5
×	3	5
1	2	5
7	5	
8	7.	5

式　2.5 × 35 ＝ 87.5

答え　　　　m

1　ダンボール1箱にみかんが3.2kg入っています。箱は全部で28箱あります。みかんの重さは全部で何kgになりますか。

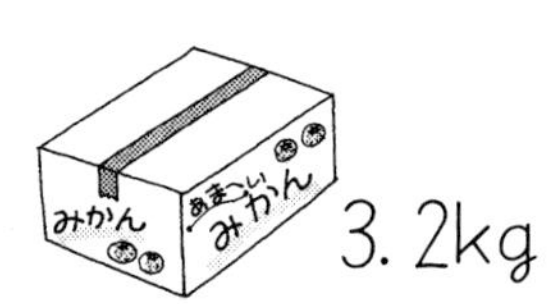

3.2kg

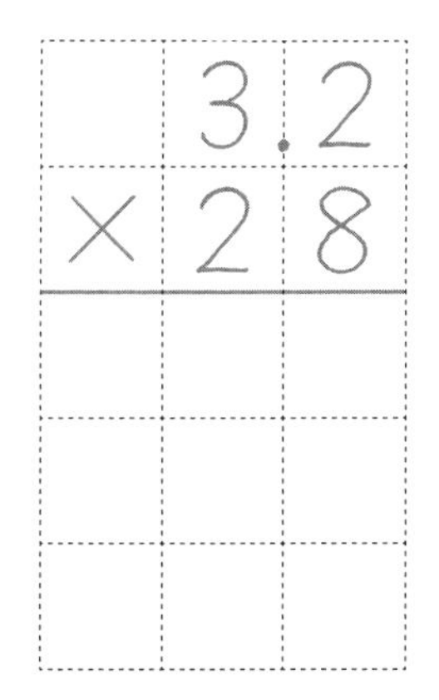

式　3.2 × 28 ＝

答え　　　　kg

2 1周（しゅう）が2.6kmあるジョギングコースを毎日1回走ります。

4週間（28日間）走ると全部で何kmになりますか。

式 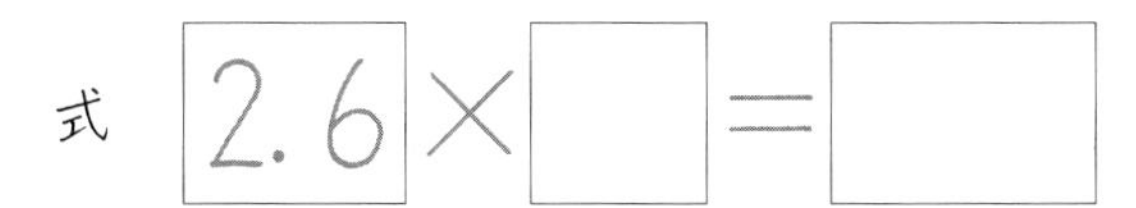

答え　　　　km

3 アップルジュースは1パックに1.4Lずつ入っています。アップルジュースは62パックあります。アップルジュースは、全部で何Lになりますか。

式 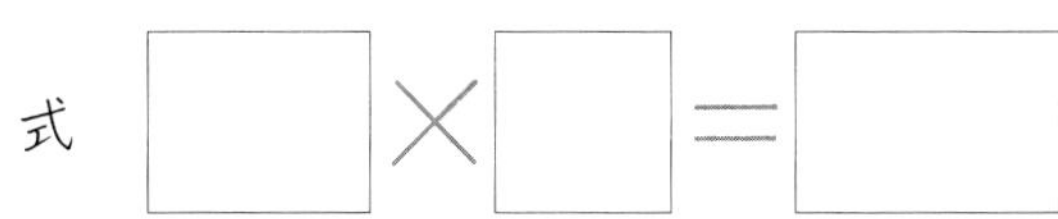

答え　　　　L

月　日

小数のかけ算 ④

名前

☆　0.86 L入りのサラダ油のかんが24本あります。サラダ油は全部で何Lになりますか。

0.86L

	0	.8	6
×		2	4
	3	4	4
1	7	2	
2	0	.6	4

式　0.86 × 24 ＝ 20.64

答え　　　　L

1　0.72 L入りのオレンジジュースが36本あります。オレンジジュースは全部で何Lになりますか。

0.72L

	0	.7	2
×		3	6

式　0.72 × 36 ＝

答え　　　　L

2　1さつの重さが1.55kgの本が15さつあります。本の重さは全部で何kgになりますか。

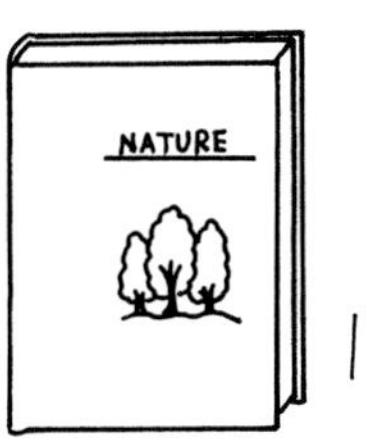

式　1.55 × □ = □

答え　　kg

3　ロープを1.75mずつ切っていくと、ちょうど28本とれました。もとのロープの長さは何mありましたか。

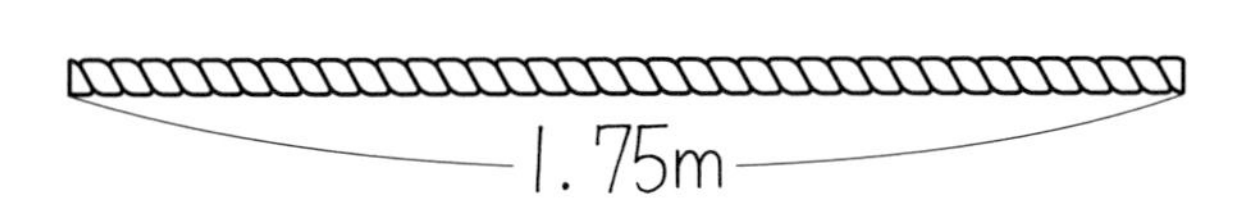

式　□ × □ = □

答え　　m

まとめ

小数のかけ算

月　日　点

名前

1　ロープを2.4mずつ切っていくと45本とれました。もとのロープの長さは何mになりますか。（式10点，答え10点）

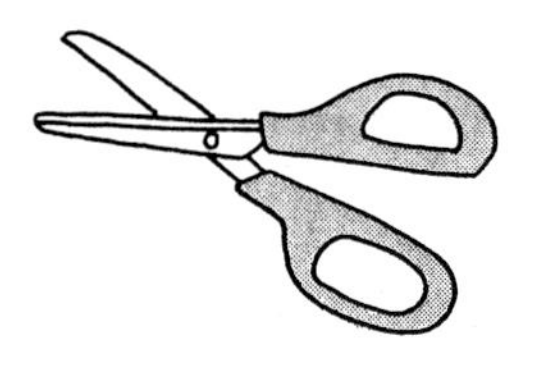

式　□×□＝□

答え　m

2　1さつの重さが1.25kgの本が23さつあります。全部で何kgになりますか。（式10点，答え10点）

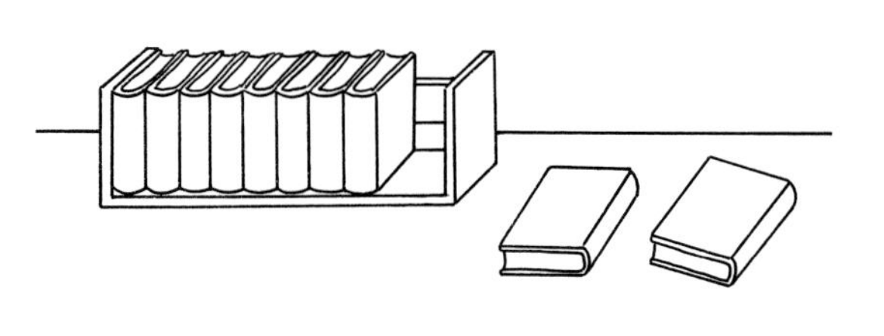

式　□×□＝□

答え　kg

3　1mの重さが2.3kgの鉄のパイプがあります。この鉄パイプ8m分の重さは何kgですか。

（式10点，答え10点）

式　□×□＝□

答え　　kg

4　赤いテープの長さは3.45mあります。白いテープは、赤いテープの長さの6倍です。白いテープは何mありますか。

（式10点，答え10点）

式　□×□＝□

答え　　m

5　ダンボール1箱に木炭（もくたん）が3.55kg入っています。このダンボール7箱分の重さは何kgになりますか。　（式10点，答え10点）

式　□×□＝□

答え　　kg

月　日

小数のわり算 ①

名前

☆　水が5.4Lあります。この水を3人で同じ量（りょう）ずつ分けます。1人分は何Lになりますか。

5.4L

式　5.4 ÷ 3 ＝ 1.8

ここから小数のわり算の問題です。

答え　L

	1	.8
3)	5	.4
	3	
	2	4
	2	4
		0

1　しょうゆが7.2Lあります。このしょうゆを4本のびんに同じ量ずつ分けて入れます。1本のびんに何Lずつ入れますか。

式　7.2 ÷ 4 ＝

4)	7	.2

答え　L

2 長さが7.5mのリボンがあります。このリボンを5人で等分します。1人分のリボンの長さは何mになりますか。

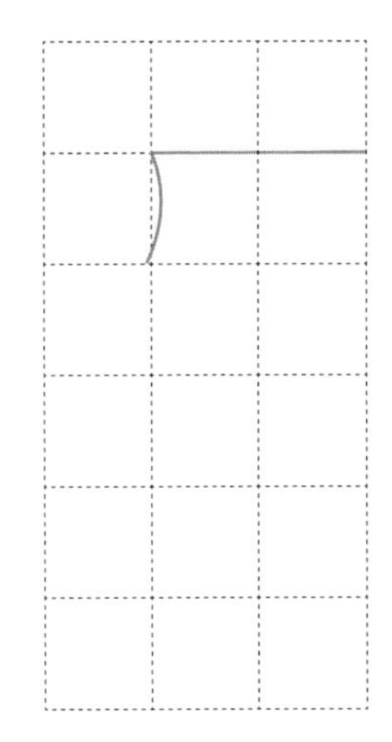

7.5m

式 7.5 ÷ □ ＝ □

等分は
「同じ数ずつ分ける」
という意味だね

答え ＿＿＿＿ m

3 米が7.2kgあります。この米を6つのふくろに等分します。1ふくろに何kgずつ入れますか。

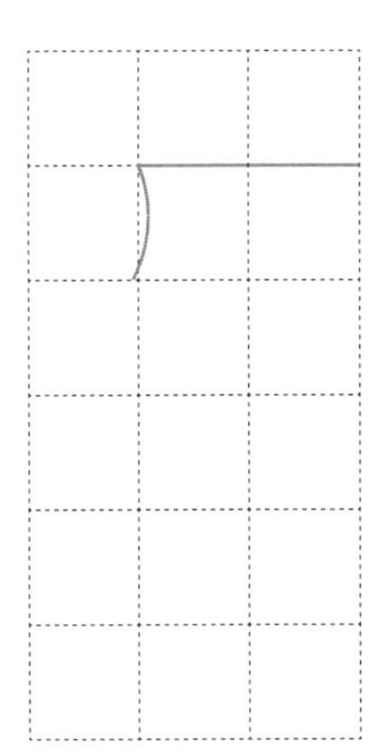

式 □ ÷ □ ＝ □

答え ＿＿＿＿ kg

月　日

小数のわり算 ②

名前

☆　長さが7.05 mのリボンがあります。このリボンを３人で等分します。１人分のリボンの長さは何mになりますか。

	2.	3	5
3)	7.	0	5
	6		
	1	0	
		9	
		1	5
		1	5
			0

7.05cm

式　7.05 ÷ 3 ＝ 2.35

答え　　　　m

1　長さが9.72 mのロープがあります。このロープを４人で等分します。１人分のロープの長さは何mになりますか。

9.72m

式　9.72 ÷ 4 ＝

答え　　　　m

2 オレンジジュースが3.36Lあります。これを8人で等分します。1人分のオレンジジュースは何Lになりますか。

式 3.36 ÷ □ ＝ □

答え ＿＿＿＿ L

3 小麦粉(こむぎこ)が2.88kgあります。これを6つのふくろに等分して入れます。1ふくろ分の小麦粉は何kgになりますか。

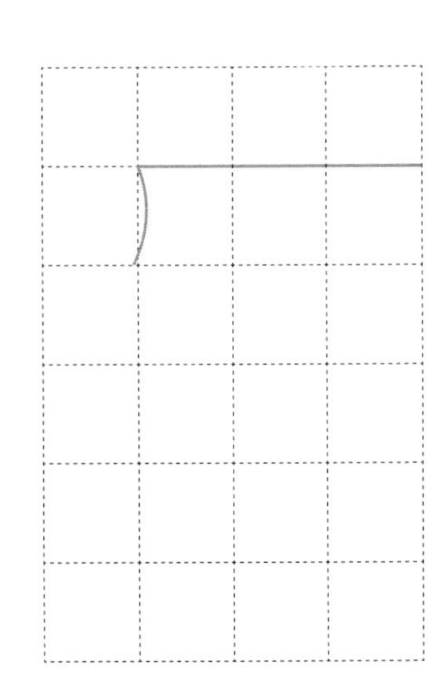

式 □ ÷ □ ＝ □

答え ＿＿＿＿ kg

月　　日

小数のわり算 ③

名前

☆　豆が28.3kgあります。4kgずつふくろに入れます。4kg入りのふくろは、何こできて、豆は何kgあまりますか。

		7	.0
4)	2	8.	3
	2	8	
		0.	3

式　28.3 ÷ 4 ＝ □ あまり □

答え　こ，あまり　kg

1　水が35.4Lあります。5Lずつバケツに入れます。5L入りのバケツは何こできて、水は何Lあまりますか。

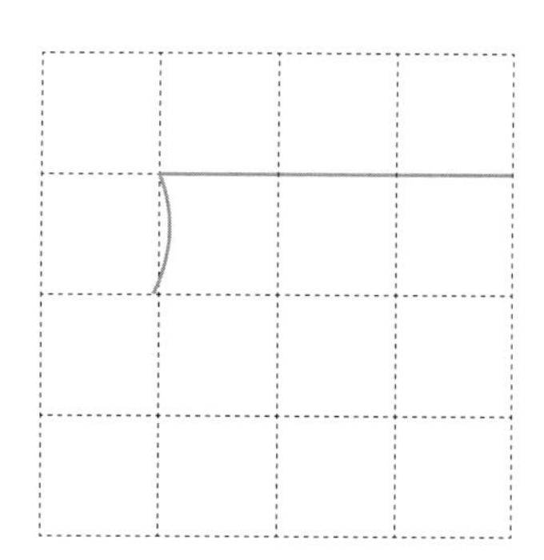

式　35.4 ÷ 5 ＝ □ あまり □

答え　こ，あまり　L

2 長さ46.2mのリボンがあります。このリボンを3mずつ切ると、3mのリボンは何本とれて、何mあまりますか。

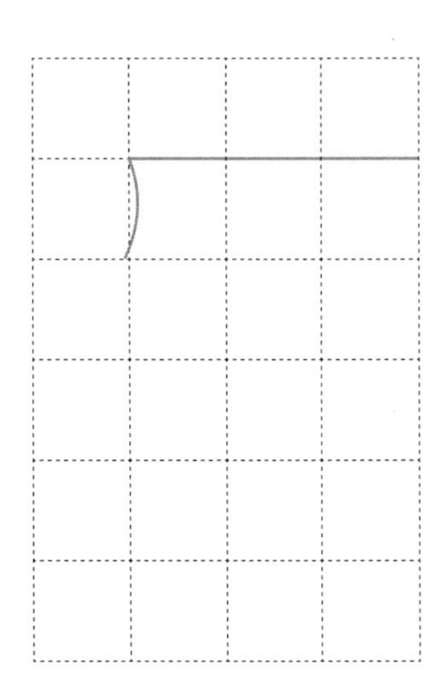

式 46.2 ÷ □ = □ あまり □

答え　　本，あまり　　m

3 米が65.3kgあります。5kgずつふくろにつめます。5kg入りのふくろは、何こできて、米は何kgあまりますか。

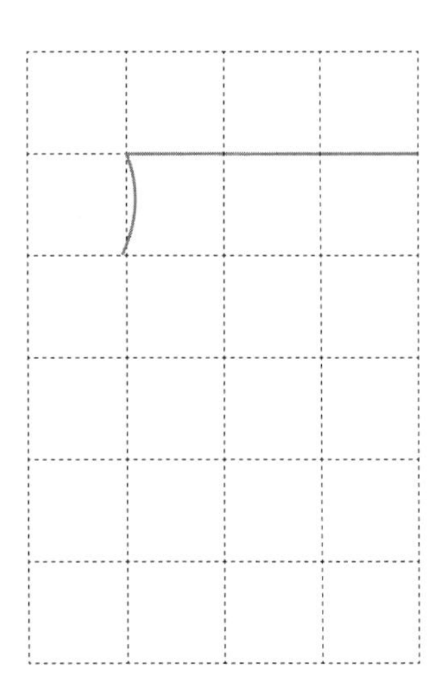

式 □ ÷ □ = □ あまり □

答え　　こ，あまり　　kg

月　日

小数のわり算 ④

名前

☆　米が36.4kgあります。これを26まいのふくろに等分にいれます。1ふくろ分の米の重さは何kgになりますか。

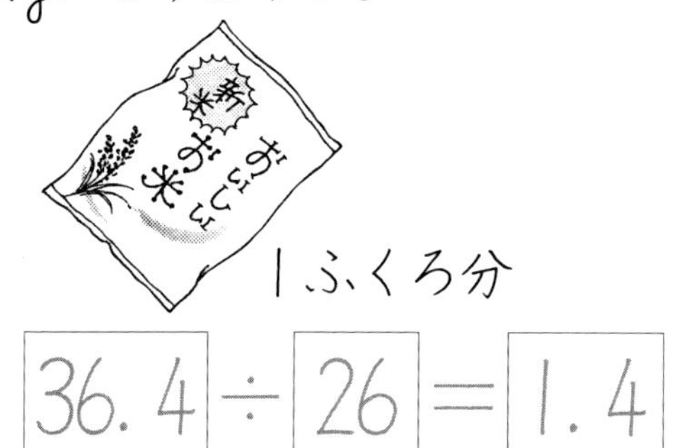

式 36.4 ÷ 26 ＝ 1.4

```
        1.4
26 ) 36.4
     26
     104
     104
       0
```

答え　　kg

1　あずきが51.2kgあります。これを32まいのふくろに等分に入れます。1ふくろ分のあずきの重さは何kgになりますか。

式 51.2 ÷ 32 ＝ ＿＿

答え　　kg

2　ミネラルウォーターが57.6Lあります。これを48本のペットボトルに等分に入れます。1本分のミネラルウォーターの量(りょう)は何Lになりますか。

1本分

式　57.6 ÷ □ = □

答え　　　　L

3　オレンジジュースが52.5Lあります。これを35本のペットボトルに等分に入れます。1本分のオレンジジュースの量は何Lになりますか。

ORANGE

1本分

式　□ ÷ □ = □

答え　　　　L

小数のわり算 ⑤

月　　日

名前

☆　ミネラルウォータが 11 L あります。2人で同じ量(りょう)ずつ分けると、1人分は何Lになりますか。

		5.	5
2)	1	1.	0
	1	0	
		1	0
		1	0
			0

式　11 ÷ 2 = □

答え　　　　L

1　さとうが 15 kg あります。6つの料理(りょうり)店(てん)で同じ量ずつ分けます。1店分は何kg になりますか。

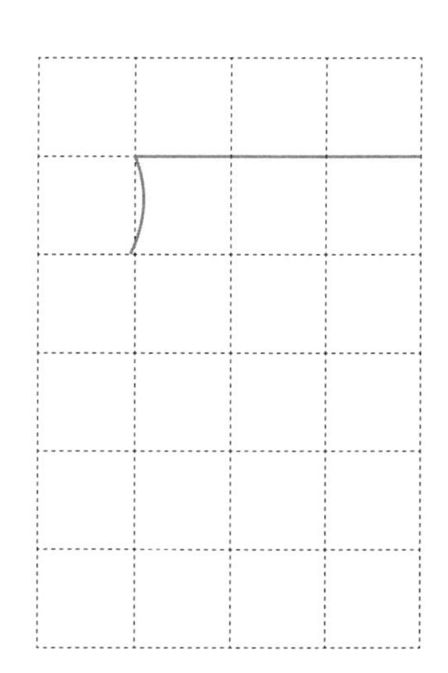

式　15 ÷ 6 = □

答え　　　　kg

2 ミネラルウォータが13Lあります。4人で同じ量ずつ分けます。1人分は何Lになりますか。

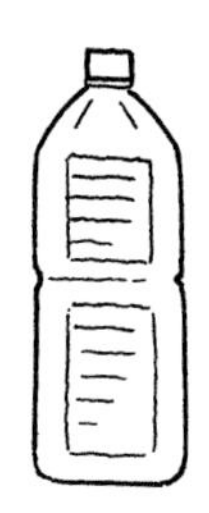

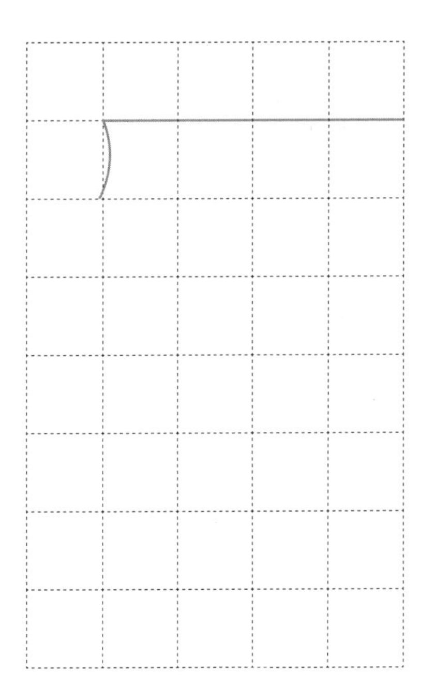

式 13 ÷ □ = □

答え L

3 さとうが18kgあります。8つの料理店で同じ量ずつ分けます。1店分は何kgになりますか。

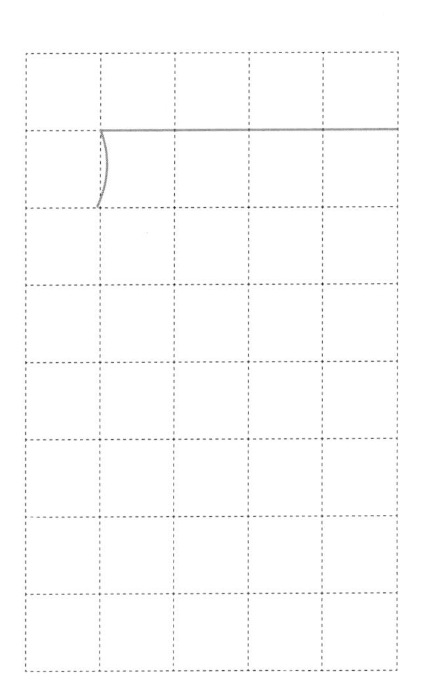

式 □ ÷ □ = □

答え kg

まとめ

小数のわり算

月　日　点

名前

1　しょうゆが5.4Lあります。このしょうゆを３本のびんに同じ量(りょう)ずつ分けます。１本のびんに何Lずつ入れますか。（式10点，答え10点）

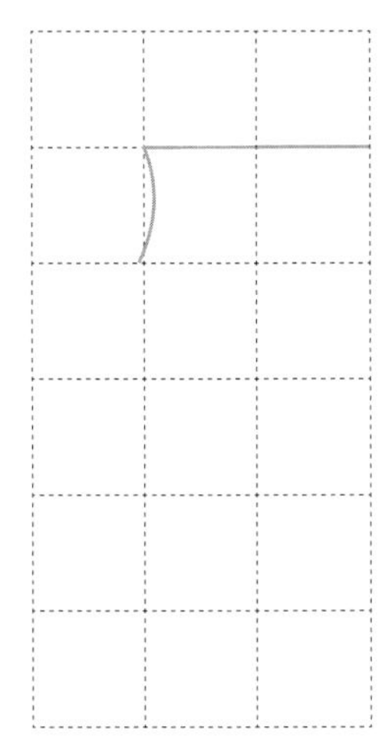

式　□ ÷ □ ＝ □

答え　　　　L

2　長さが9.36ｍのロープがあります。このロープを４人で等分します。１人分の長さは何mになりますか。（式10点，答え10点）

式　□ ÷ □ ＝ □

答え　　　　m

3 水が26.3Lあります。

5Lずつバケツに入れます。

5L入りのバケツは何こできて、水は何Lあまりますか。 (式10点，答え10点)

式 □÷□＝□あまり□

答え　こ，あまり　L

4 あずきが44.8kgあります。

これを32まいのふくろに等分に入れます。1ふくろ分のあずきの重さは何kgになりますか。(式10点，答え10点)

式 □÷□＝□

答え　kg

5 水が2Lあります。8人で等分します。

1人分は何Lですか。 (式10点，答え10点)

式 □÷□＝□

答え　L

月　日

がい数を使って ①

名前

☆ 385円のコンパスと420円のはさみを買いました。
代金の合計は**約何百**円になるでしょうか。
(「約何百」で表すことを「百の位までのがい数にする」といいます。)

「百の位までのがい数」なら、十の位を四捨五入します。

385 ＋ 420
↓　　↓

式 400＋400＝800

答え 約　　円

1 東公園には2150本のばらがあります。
南公園には2730本のばらがあります。
2つの公園のばらは、合わせて**約何千**本になるでしょうか。
(「約何千」で表すことを「千の位までのがい数にする」といいます。)

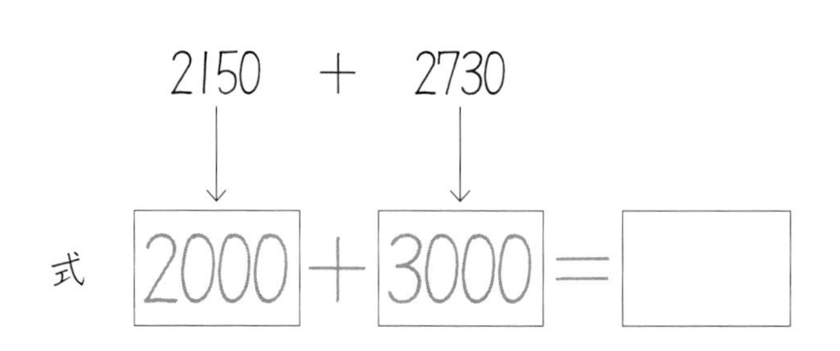

答え 約　　本

2 Ａ４のコピー用紙は、１箱3280円です。
Ｂ４のコピー用紙は、１箱2850円です。
１箱ずつ買うと合計**約何千**円になるでしょうか。

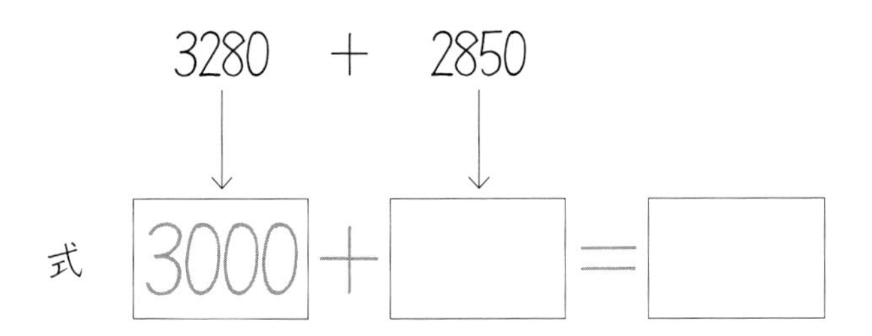

答え 約　　　円

3 東京都（とうきょうと）の小学校の先生はあわせて、33914人です。
中学校の先生はあわせて、15340人です。（2020年５月１日）
小学校と中学校の先生の合計は**約何万**人になるでしょうか。
（「約何万」で表すことを「万の位までのがい数にする」といいます。）

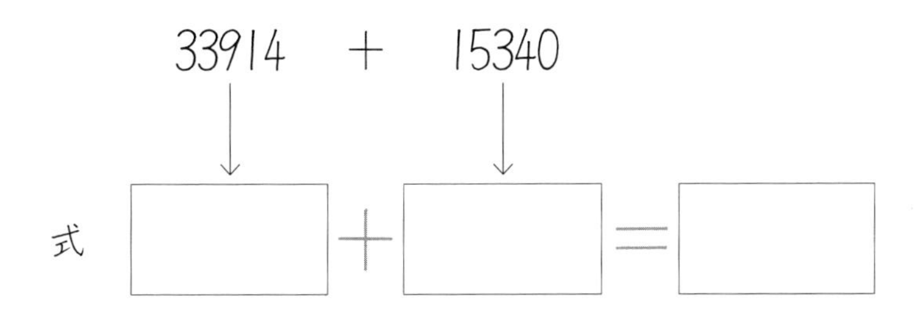

答え 約　　　人

がい数を使って ②

月　日

名前

☆　シャープペンシルは、１ダースが768円です。
赤えんぴつは、１ダースが528円です。
シャープペンシルの方が**約**(やく)**何百**円高いですか。
（百の位(くらい)までのがい数にして計算します。）

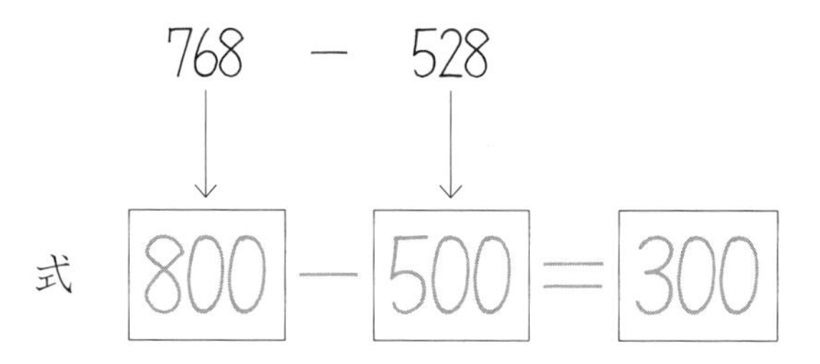

答え　約　　　円

1　せんぷう機(き)は、9280円です。
サーキュレーターは、3880円です。
ねだんのちがいは**約何千**円ですか。
（千の位のがい数にして計算します。）

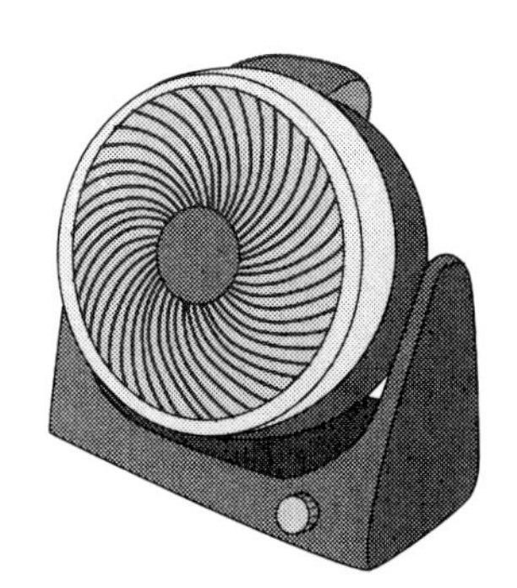

9280 － 3880

↓　　↓

式 9000 － 4000 ＝ □

答え　約　　　円

2 Ａ４のダンボール箱は、90まいが4950円です。
Ｂ４のダンボール箱は、90まいが6390円です。
ねだんのちがいは**約何千**円ですか。

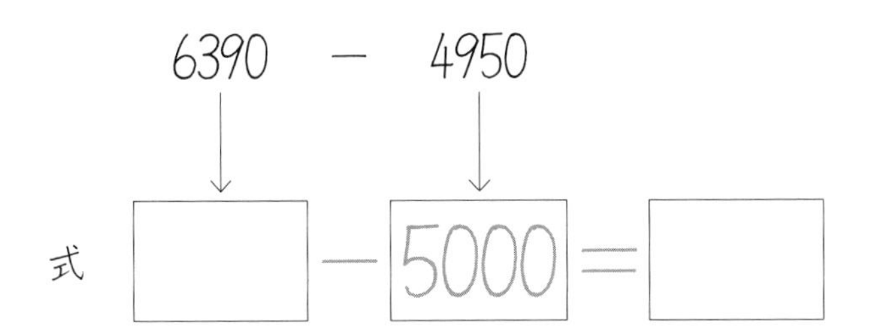

答え　約　　　円

3 デジタルカメラは、28200円です。
ビデオカメラは、62800円です。
ビデオカメラの方が**約何万**円高いですか。
（万の位までのがい数にして計算します。）

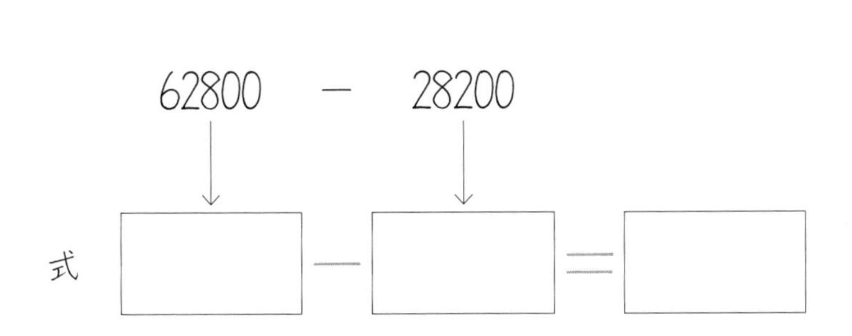

答え　約　　　円

がい数を使って ③

名前

☆　1こが48円のみかんがあります。
このみかんを32こ買うと、およそ何円になりますか。
上から1けたのがい数にして、積を見積もりましょう。

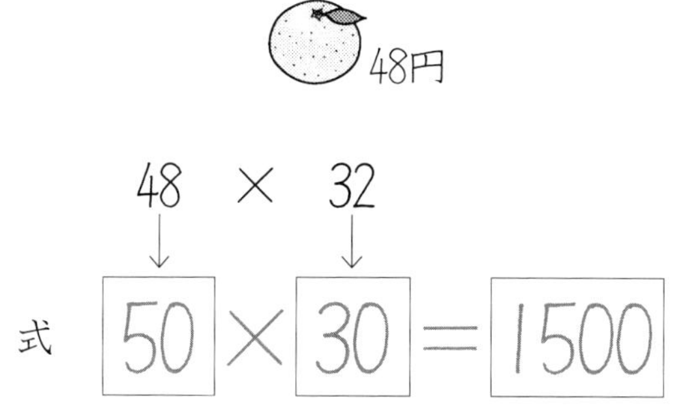

上から1けたのがい数と聞かれたら
48なら8を
412なら1を
四捨五入します。

答え　およそ　　　円

1　1この重さが43kgの荷物が27こあります。
荷物の重さは全部で、およそ何kgになりますか。
上から1けたのがい数にして、積を見積もりましょう。

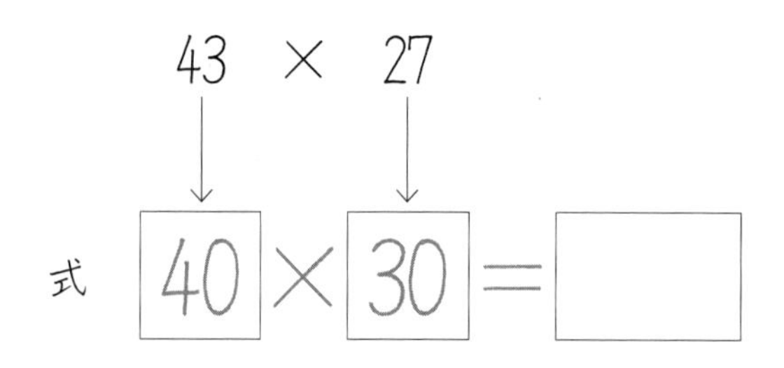

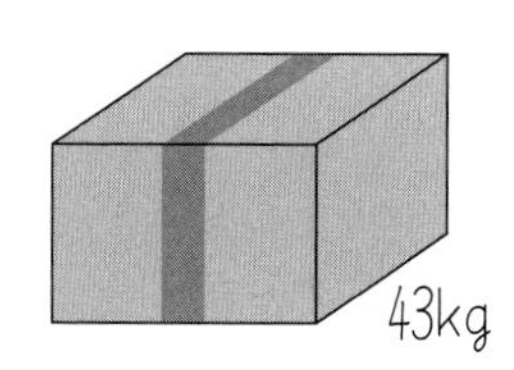

答え　およそ　　　kg

2 子ども会の53人が遠足に行きます。電車代は1人370円です。
全員の電車代は、およそ何円になりますか。
上から1けたのがい数にして、積を見積もりましょう。

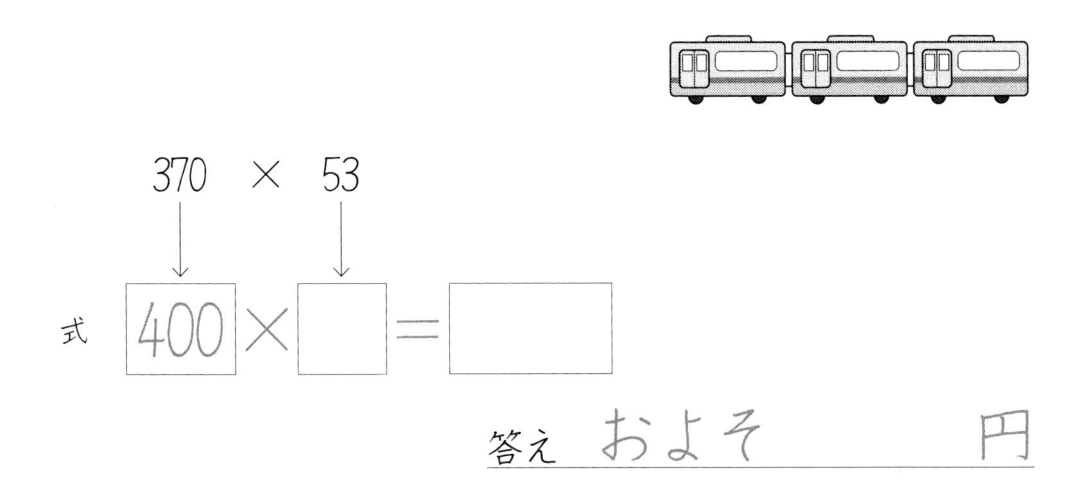

3 1この重さが63gの紙ぶくろがあります。
この紙ぶくろ585この重さは、およそ何gになりますか。
上から1けたのがい数にして、積を見積もりましょう。

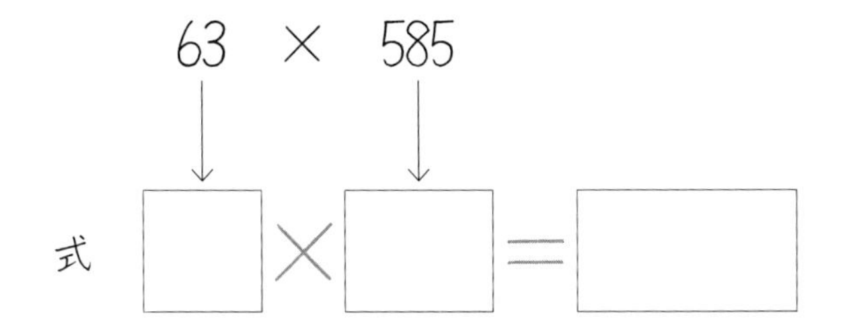

答え およそ g

がい数を使って ④

名前

☆　いちごが572こあります。これを１箱に28こずつ入れると、箱はおよそ何箱いるでしょうか。
上から１けたのがい数にして、商（しょう）を見積（みつ）もりましょう。

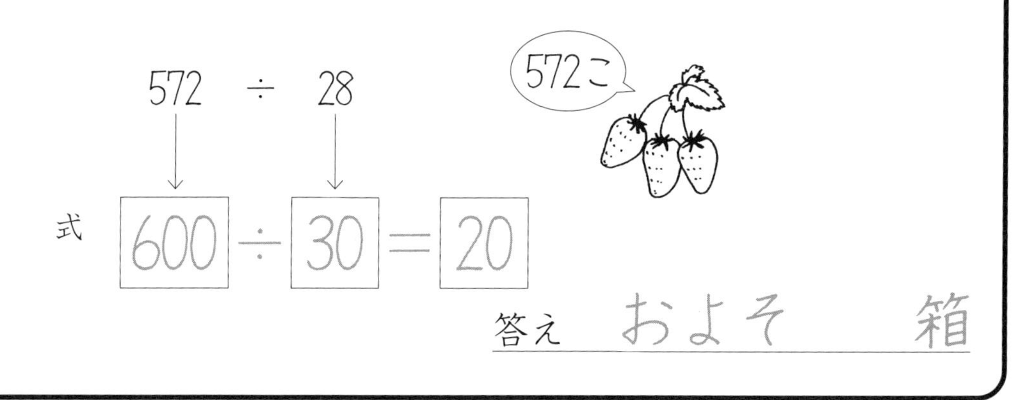

１　クッキーが770こあります。これを１箱に38こずつ入れると、箱はおよそ何箱いるでしょうか。
上から１けたのがい数にして、商を見積もりましょう。

770　÷　38

770こ

COOKIES

式　800 ÷ 40 ＝ □

答え　およそ　　箱

2 色紙が4180まいあります。これを21人で同じように分けると、1人分はおよそ何まいになるでしょうか。
上から1けたのがい数にして、商を見積もりましょう。

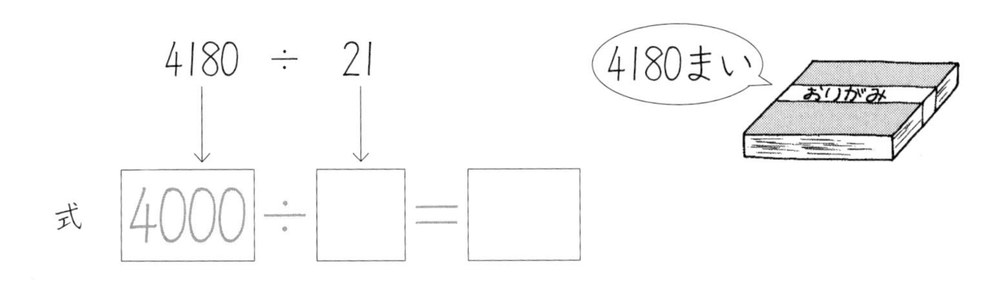

答え およそ　　　まい

◉ 電たくを使って、4180÷21をすると
4180÷21＝199.04…となります。

3 29人で日帰りバス旅行に行きます。
旅行代金は全体で、86900円です。
1人分の旅行代金はおよそ何円になるでしょうか。
上から1けたのがい数にして、商を見積もりましょう。

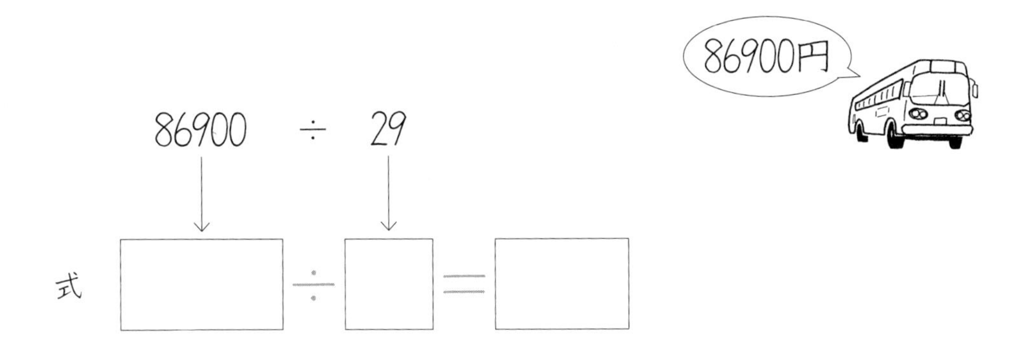

答え およそ　　　円

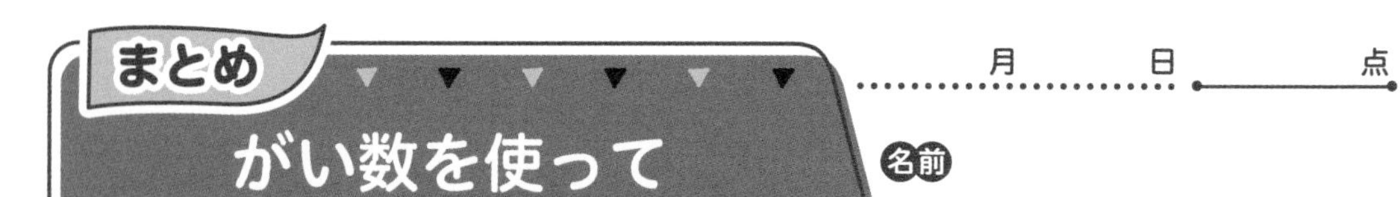

1　315円のシャンプーと280円のティッシュペーパーを買いました。代金の合計は約(やく)何百円になりますか。　（式15点，答え10点）

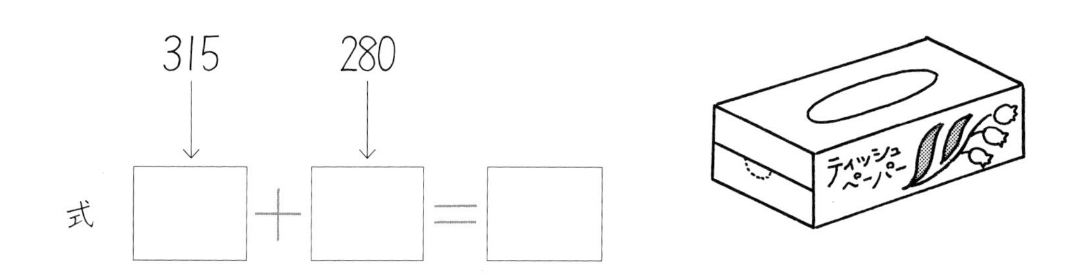

答え　約　　　円

2　りんご5こ入りは580円で、みかん5こ入りは420円です。りんごの方が約何百円高いですか。　（式15点，答え10点）

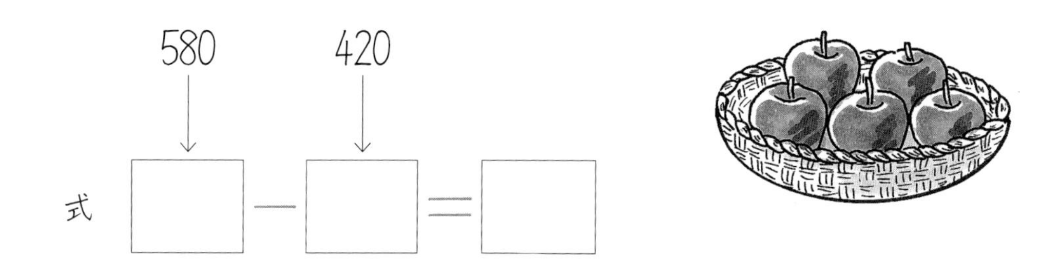

答え　約　　　円

3 1こ78円のりんごがあります。
このりんごを32こ買うと、およそ何円になりますか。上から1けたのがい数にして見積もりましょう。 （式15点，答え10点）

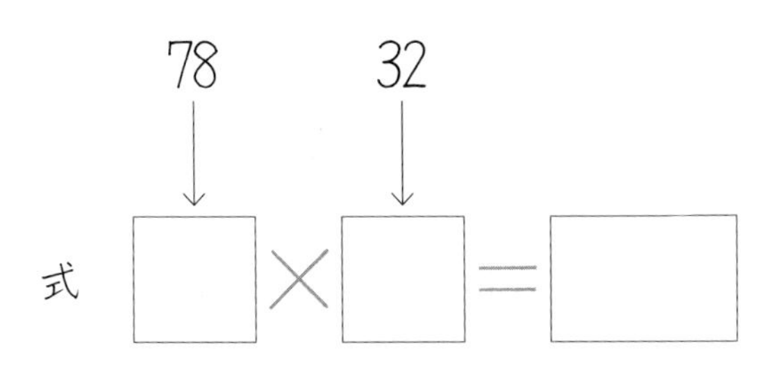

答え およそ　　　　円

4 クッキーが583こあります。これを1箱に28こずつ入れると、箱はおよそ何箱いりますか。
上から1けたのがい数にして、見積もりましょう。
（式15点，答え10点）

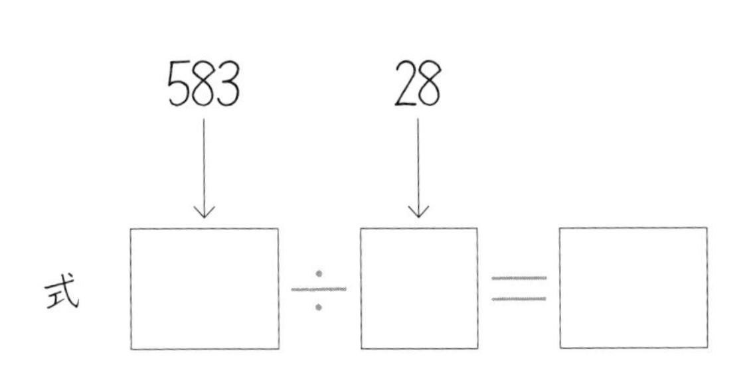

答え およそ　　　　箱

月　　日

1つの式でとく ①

名前

☆　1箱5こ入りのドーナツが8箱あります。これを10人で同じ数ずつ分けると、1人分は何こになりますか。

1つの式でときましょう。

式 5 × 8 ÷ 10 = □

8箱では 40こ

1人分は 4こ

答え　　　　こ

1　1箱12こ入りのあめが5箱あります。これを6人で同じ数ずつ分けると、1人分は何こになりますか。

1つの式でときましょう。

式 12 × 5 ÷ 6 = □

(60)

(10)

答え　　　　こ

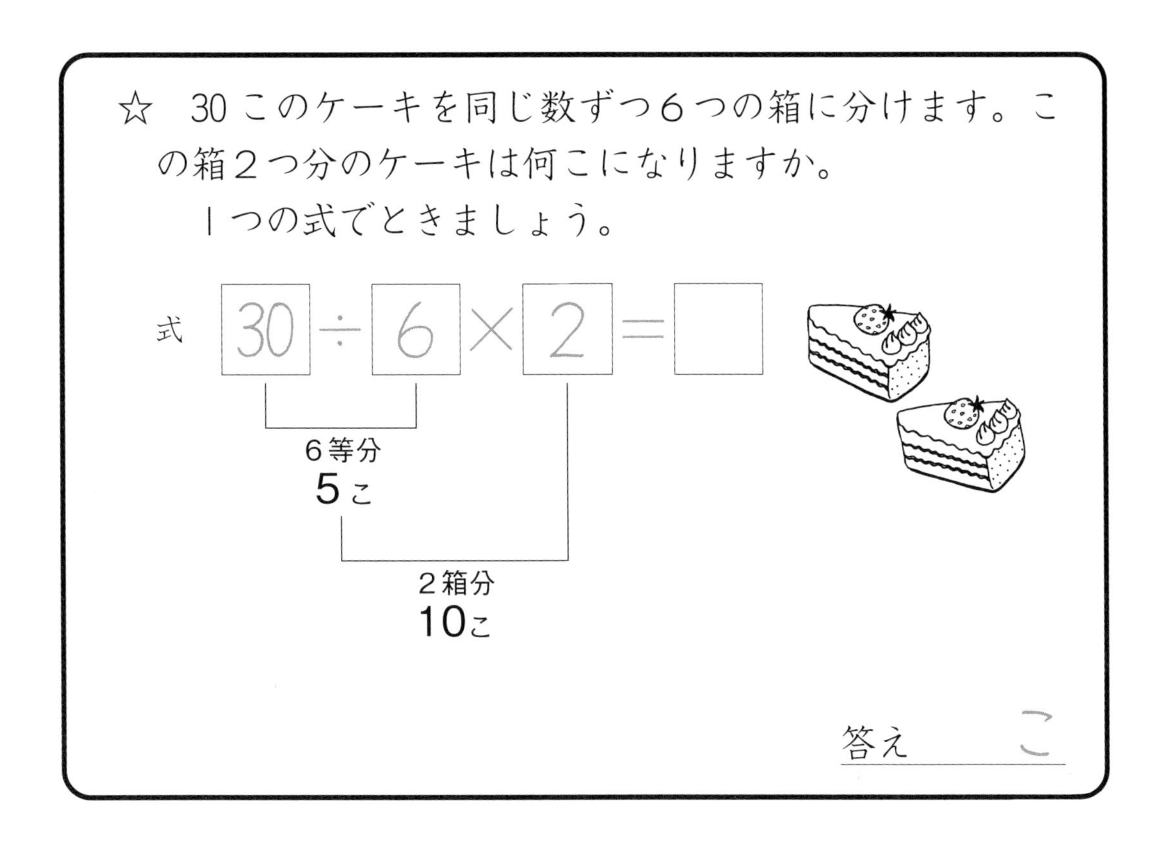

☆　30このケーキを同じ数ずつ６つの箱に分けます。この箱２つ分のケーキは何こになりますか。

１つの式でときましょう。

2　80このくりを同じ数ずつ５つのふくろに分けます。このふくろ３つ分のくりは何こになりますか。

１つの式でときましょう。

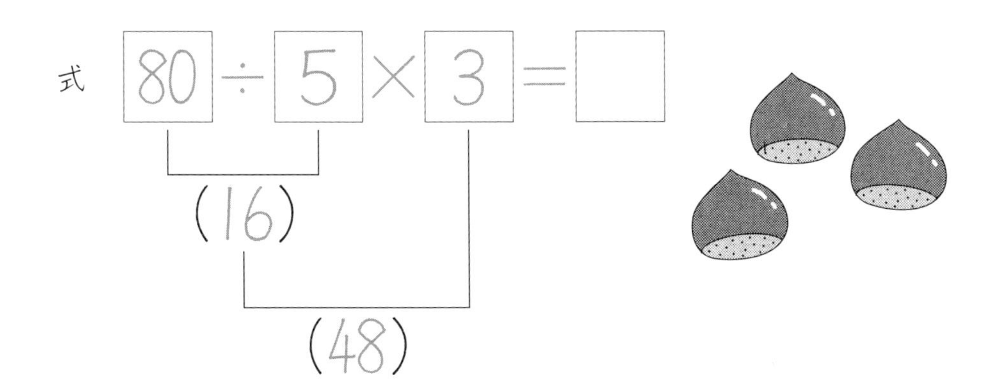

答え　こ

1つの式でとく ②

名前

☆　1こ40円のたまごは、6こで1パックです。3パック買うと何円になりますか。
1つの式でときましょう。

式　40 × 6 × 3 = □

6こ分
240円

3パック分
720円

答え　　円

1　かんジュースは、箱に6こずつ4列にならんで入っています。5箱分のかんジュースは何本になりますか。
1つの式でときましょう。

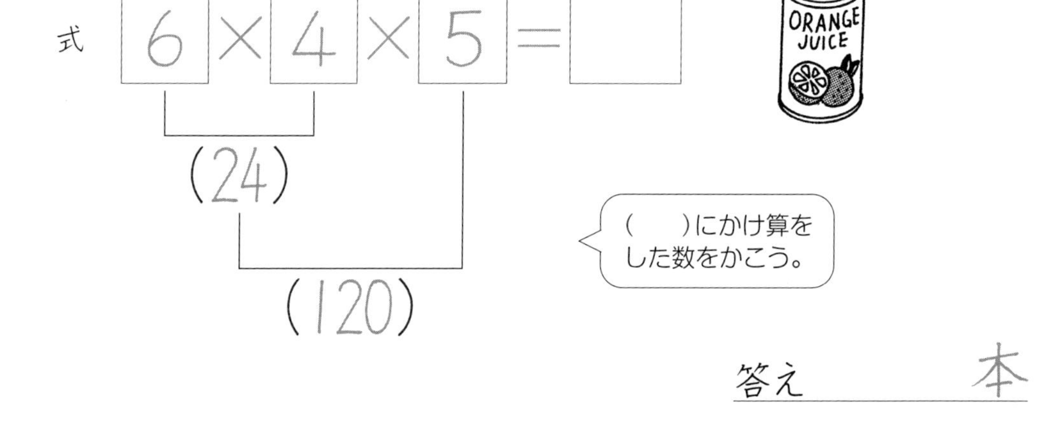

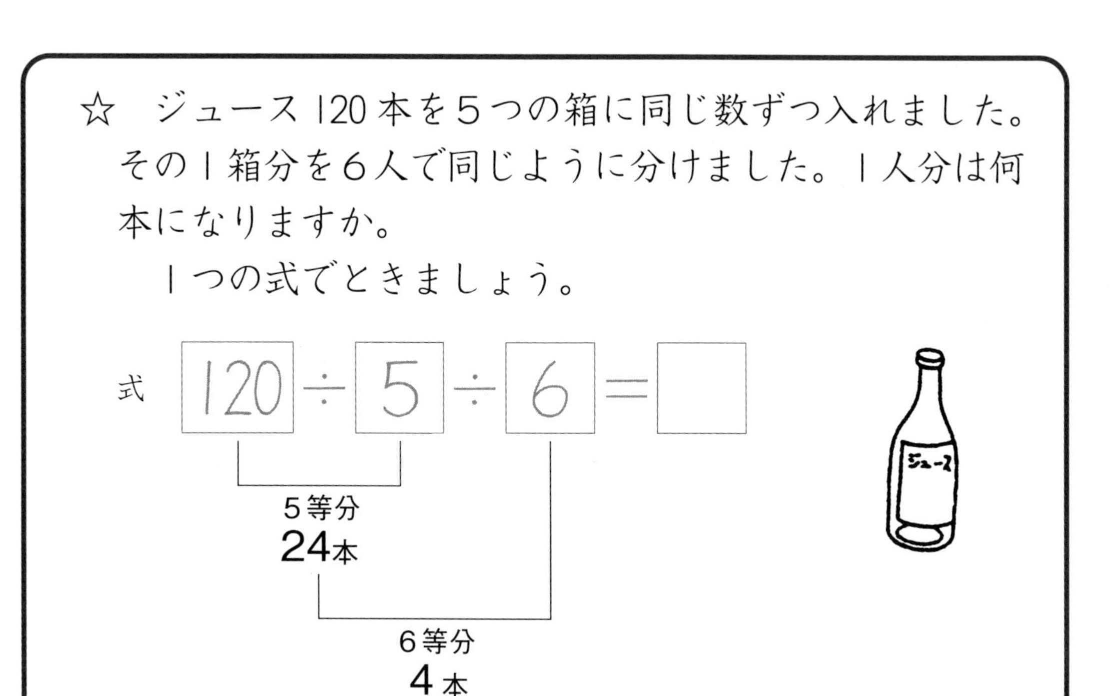

☆　ジュース120本を５つの箱に同じ数ずつ入れました。その１箱分を６人で同じように分けました。１人分は何本になりますか。

１つの式でときましょう。

式　120 ÷ 5 ÷ 6 ＝ □

5等分
24本

6等分
4本

答え　　　本

②　くり120こを４つの箱に同じ数ずつ入れました。その１箱分を５人で同じ数ずつ分けました。１人分は何こになりますか。

１つの式でときましょう。

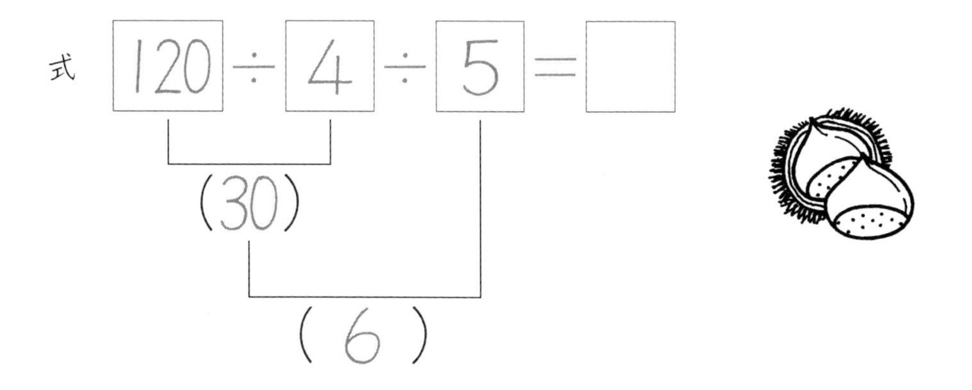

答え　　　こ

1つの式でとく ③

月　日

名前

☆　200円のなしを1こと、150円のりんごを2こ買いました。代金は全部で何円になりますか。
1つの式でときましょう。

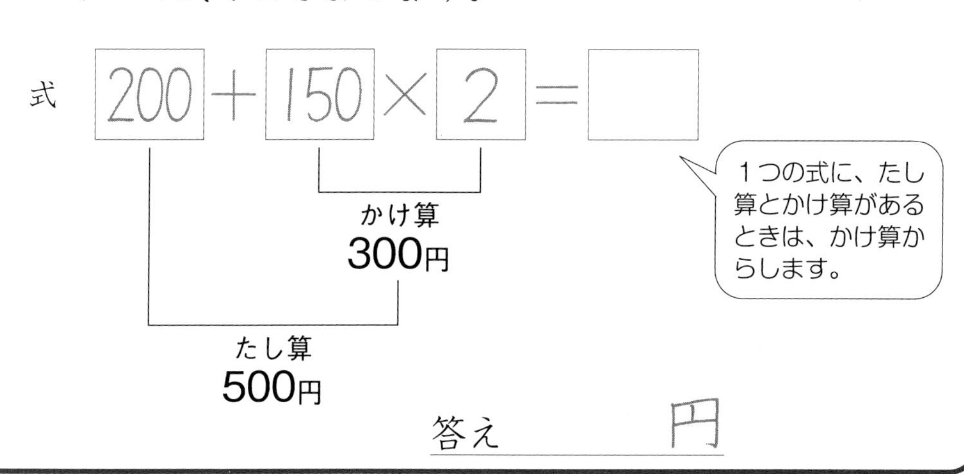

答え　　　　円

1　200円のなしを1こと、150円のりんごを4こ買いました。代金は全部で何円になりますか。（1つの式でとく。）

式　200 ＋ 150 × 4 ＝ □

（600）

（　　）

答え　　　　円

② 160円のメロンパン１こと、80円のドーナツを５こ買いました。代金は全部で何円になりますか。（１つの式でとく。）

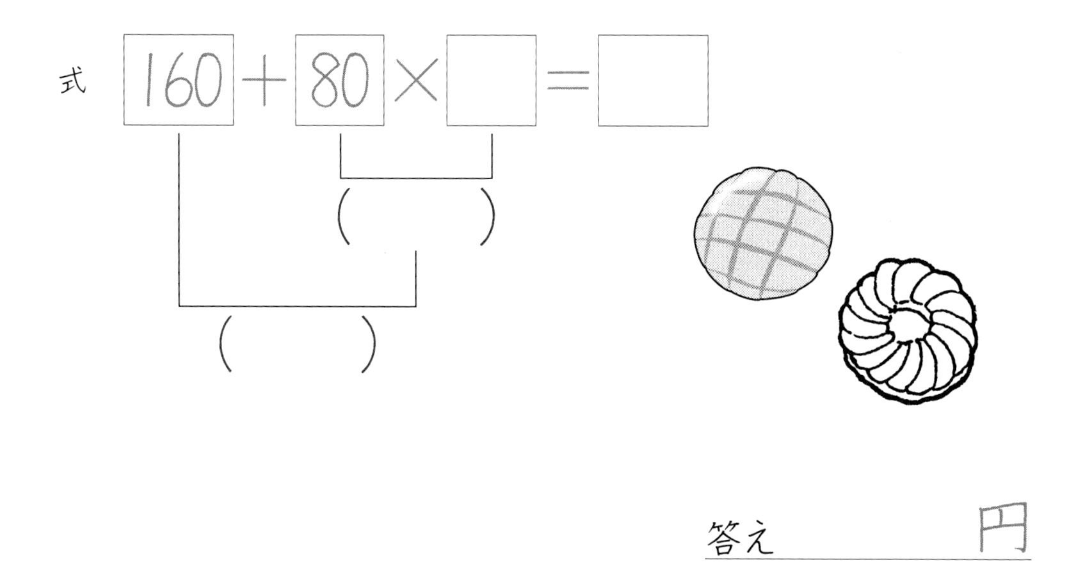

答え　　　　円

③ 500 mL入りのしょうゆが１本と、200 mL入りのしょうゆが３本あります。しょうゆは全部で何mLありますか。（１つの式でとく。）

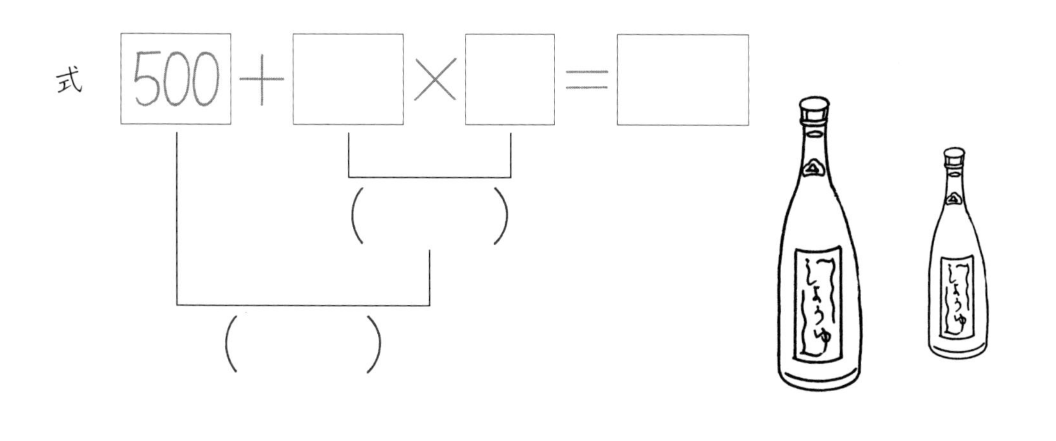

答え　　　　mL

月　日

1つの式でとく ④

名前

☆　500円出して、1本60円のえんぴつを5本買いました。おつりは何円になりますか。
　1つの式でときましょう。

式　500 − 60 × 5 ＝ □

1つの式のひき算とかけ算があるときは、かけ算からします。

かけ算　300円

ひき算　200円

答え　　　円

1　1000円出して、1ぴき200円の金魚を3びき買いました。おつりは何円になりますか。
　1つの式でときましょう。

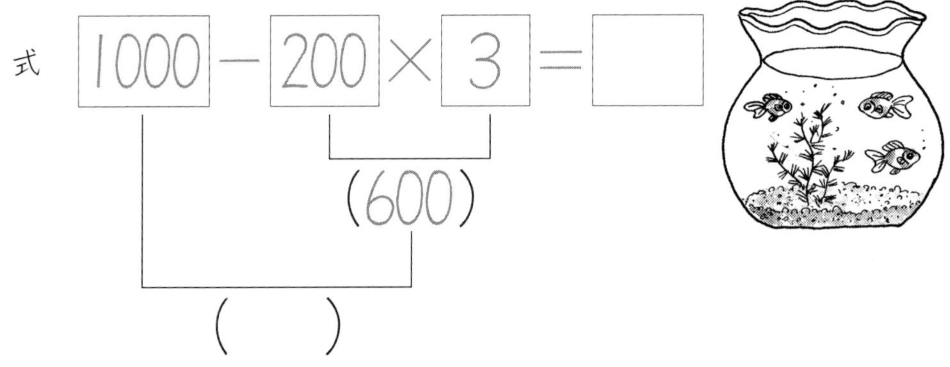

答え　　　円

2　色紙が 80 まいあります。1人 10 まいずつもらって6人でつるを作ります。色紙はなんまい残(のこ)りますか。
1つの式でときましょう。

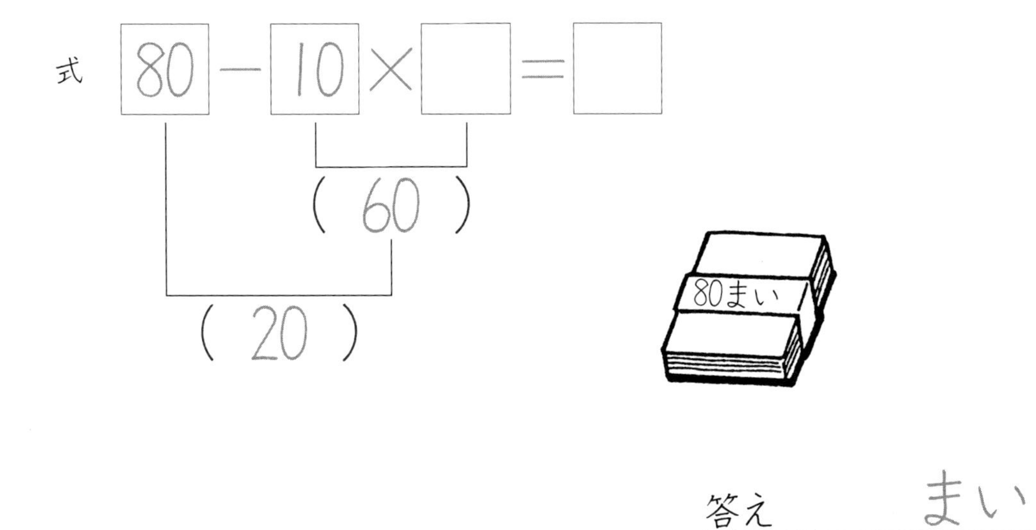

3　花が 100 本あります。6本ずつの花束(はなたば)を 15 束つくります。花は何本残りますか。
1つの式でときましょう。

式　100 − □ × □ = □

(90)

(10)

答え　本

月　日

1つの式でとく ⑤

名前

☆　1足(そく)350円のくつしたが50円安くなっているので、6足買いました。代金は全部で何円になりますか。
(　　)を使って1つの式で表してときましょう。

1足のねだんは　350－50＝300（円）です。
(　　)を使って
↓

(　　)があるときは(　　)を先に計算します。

式　(350－50)×6＝1800

答え　　円

1　1束(たば)220円の色紙が20円安くなっているので、4束買いました。代金は全部で何円になりますか。
(　　)を使って1つの式で表してときましょう。

色紙1束のねだん
↓

式　(220－20)×□＝□

答え　　円

2 1こ860円のメロンが60円安くなっているので、5こ買いました。代金は全部で何円になりますか。
（　　）を使って1つの式に表してときましょう。

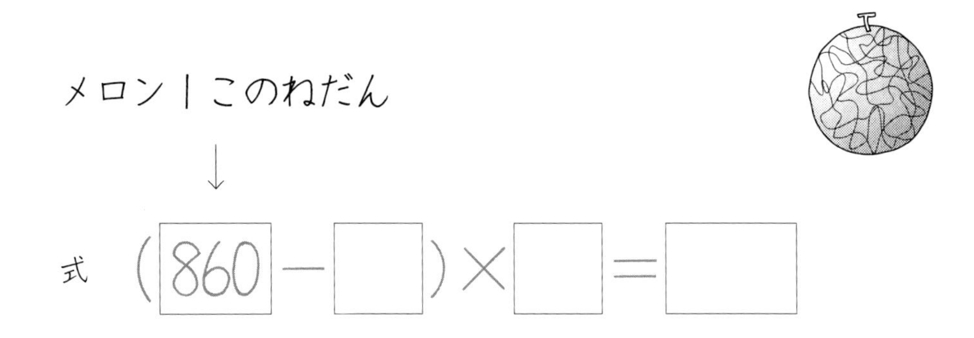

3 1さつ120円のノートが10円安くなっているので、8さつ買いました。代金は全部で何円になりますか。
（　　）を使って1つの式に表してときましょう。

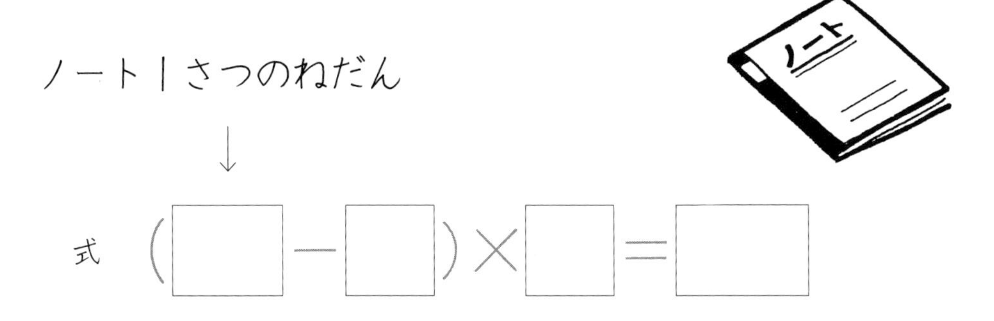

答え　　　　　　円

月　日

1つの式でとく ⑥

名前

☆　1こ40円のけしゴムと、1本60円のえんぴつを1組(ひとくみ)にして買います。1000円では何組買えますか。
（　）を使って1つの式で表してときましょう。

1組のねだんは　40＋60＝100（円）です。
（　）を使って（　）から計算します。

↓1組のねだん

式　1000÷（40＋60）＝10

答え　組

1　1こ80円ののりと、1束(たば)120円の色紙を1組にして買います。1000円では何組買えますか。
（　）を使って1つの式で表してときましょう。

1組のねだん
↓

式　1000÷（80＋　）＝

答え　組

2 おとなも子どもも４人ずついます。120まいの色紙を同じ数ずつ分けると１人何まいになりますか。
（　　）を使って１つの式で表してときましょう。

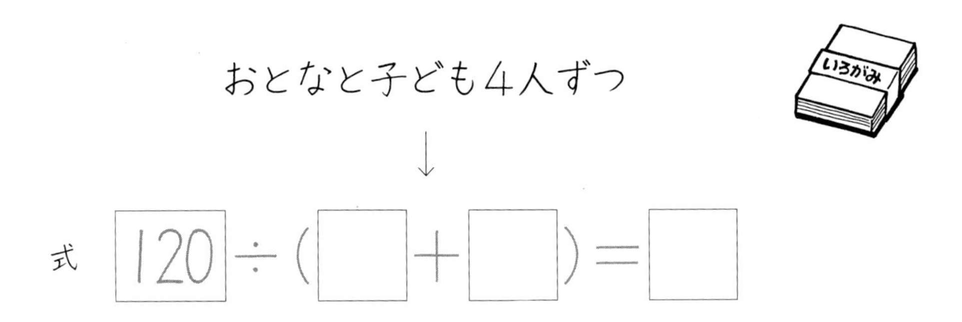

答え　　まい

3 １年生９人と２年生６人でどんぐりを拾いました。拾ったどんぐりは全部で135こです。同じ数ずつ分けると１人分は何こになりますか。
（　　）を使って１つの式で表してときましょう。

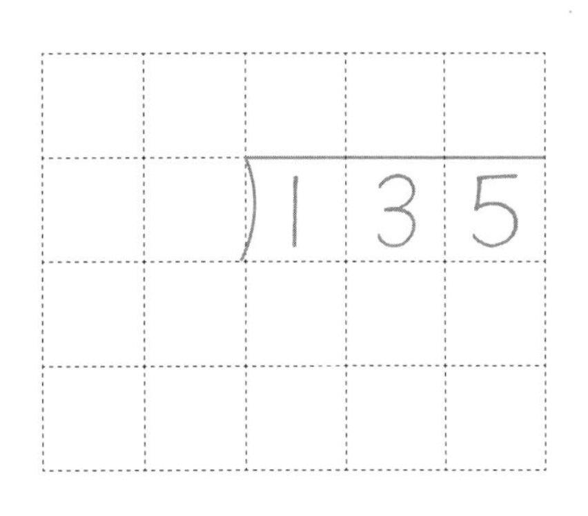

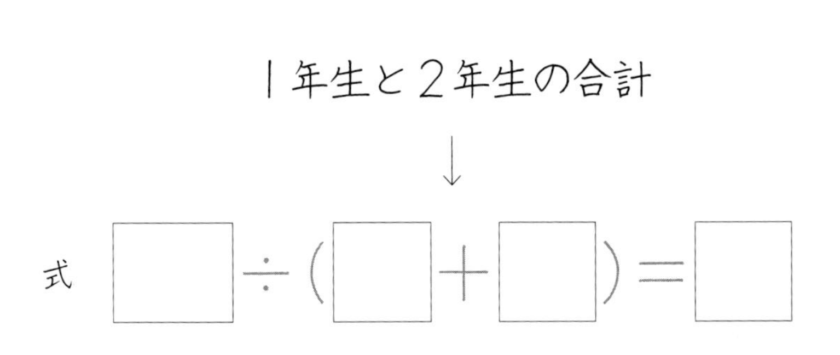

まとめ

1つの式でとく

月　　日　　点

名前

1　1箱10こ入りのキャラメルが4箱あります。これを8人で同じ数ずつ分けると、1人分は何こになりますか。
　1つの式でときましょう。　（式10点，答え10点）

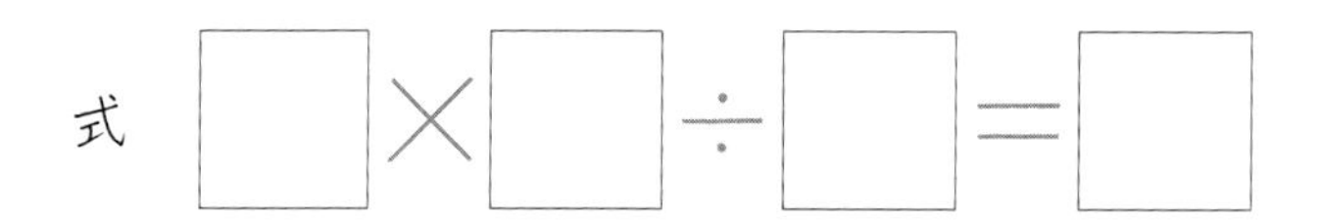

式 □×□÷□=□

答え　　　　こ

2　1000円のスイカを1こと150円のりんごを4こ買いました。代金は全部で何円ですか。
　1つの式でときましょう。　（式10点，答え10点）

式 □+□×□=□

答え　　　　円

3　1000円出して、1本60円のえんぴつを1ダース（12）買いました。おつりは何円になりますか。
1つの式でときましょう。　（式10点，答え10点）

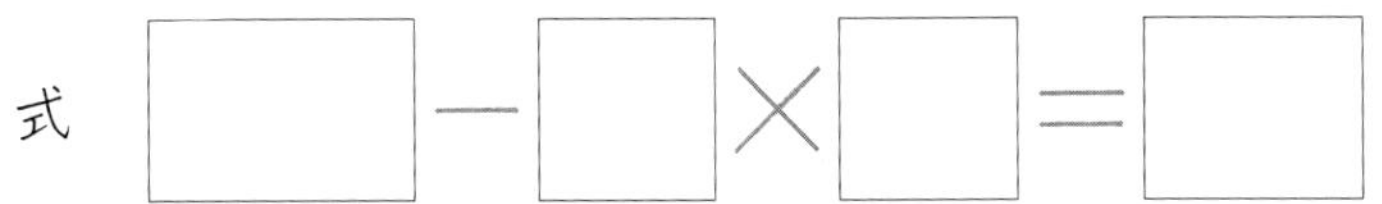

4　1束(たば)240円の色紙が40円安くなっているので、4束買いました。代金は何円になりますか。
（　）を使って1つの式でときましょう。　（式10点，答え10点）

式　（□−□）×□=□

答え　　　円

5　1さつ140円のノートと、1本60円のえんぴつを1セットにして買います。1000円では何セット買えますか。
（　）を使って1つの式でときましょう。　（式10点，答え10点）

式　□÷（□+□）=□

答え　　　セット

月　　日 

いろいろな問題 ①（倍）

名前

☆　青いリボンの長さは60 cmで、赤いリボンの長さは180 cmです。

赤いリボンの長さは、青いリボンの長さの何倍ですか。

青（60cm）

赤（180cm）

式　180 ÷ 60 ＝ 3

答え　　　　　倍

1　大がたバスの長さは12 mです。ふつう自動車の長さを3 mとすると、大がたバスの長さは、ふつう自動車の長さの何倍ですか。

大がたバス（12m）

ふつう自動車（3 m）

式　□ ÷ □ ＝ □

答え　　　　　倍

[2] わたしの年れいは 10 さいです。おじさんの年れいは 50 さいです。おじさんの年れいは、わたしの年れいの何倍ですか。

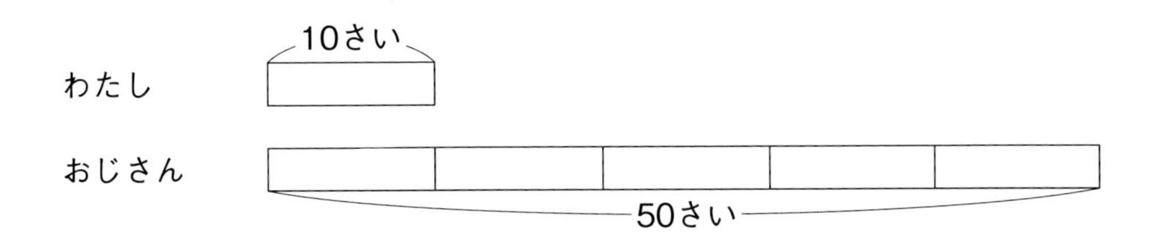

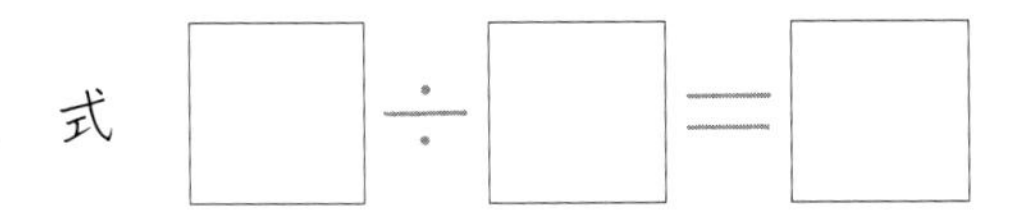

答え　　　　　倍

[3] 小さいペットボトルは 500 mL入りです。大きいペットボトルは 2000 mL入りです。大きいペットボトルは、小さいペットボトルの何倍ですか。

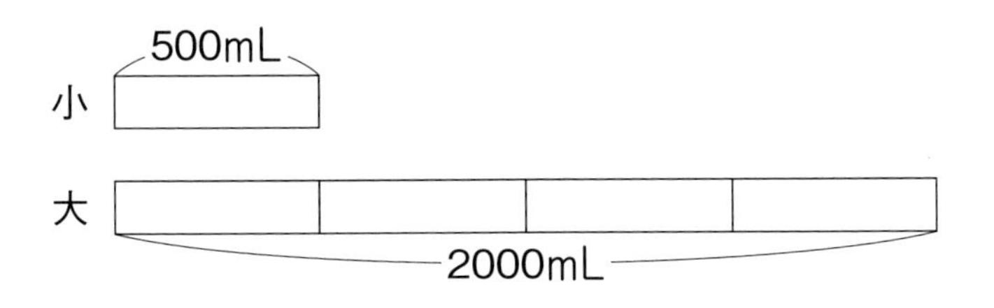

式　2000 ÷ 500 ＝

答え　　　　　倍

月　日

いろいろな問題 ②（倍）

名前

☆　青いリボンの長さは50 cmです。赤いリボンの長さは、青いリボンの長さの３倍です。
赤いリボンの長さは何cmですか。

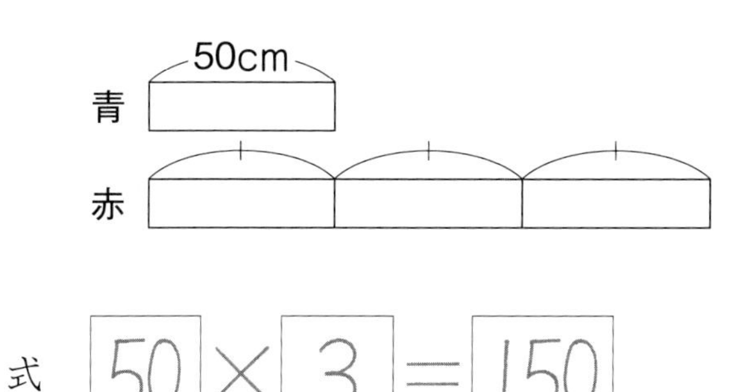

式　50 × 3 ＝ 150

答え　　cm

1　バスの子どもの料金は110円です。大人の料金は、子どもの料金（りょうきん）の２倍です。
大人の料金は、何円ですか。

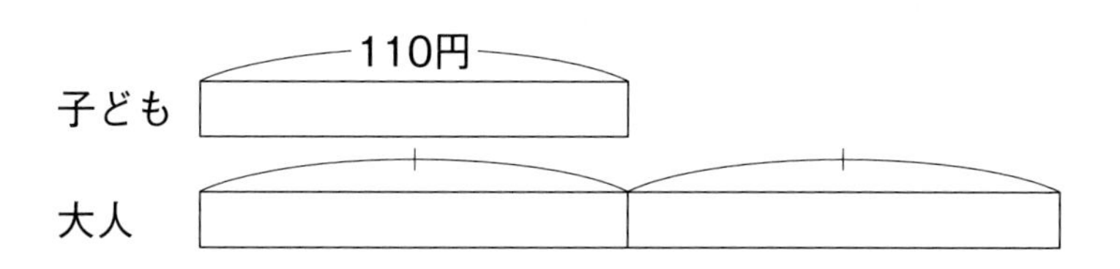

式　□ × □ ＝ □

答え　　円

2 わたしの年れいは10さいです。父さんの年れいは、わたしの年れいの4倍です。

父さんの年れいは何さいですか。

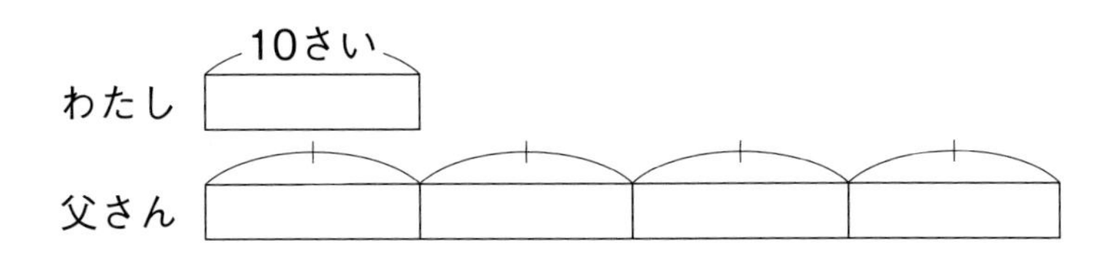

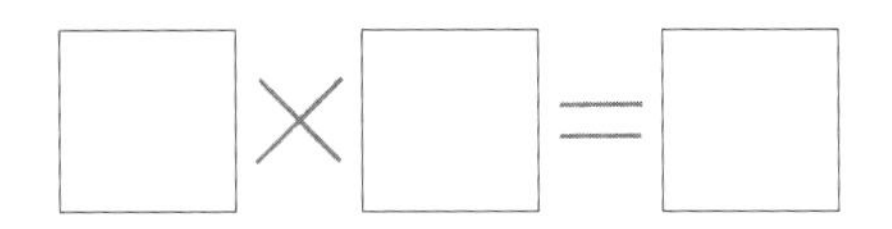

答え　　　　さい

3 小さいペットボトルは200 mLです。大きいペットボトルは、小さいペットボトルの5倍です。

大きいペットボトルは何mLですか。

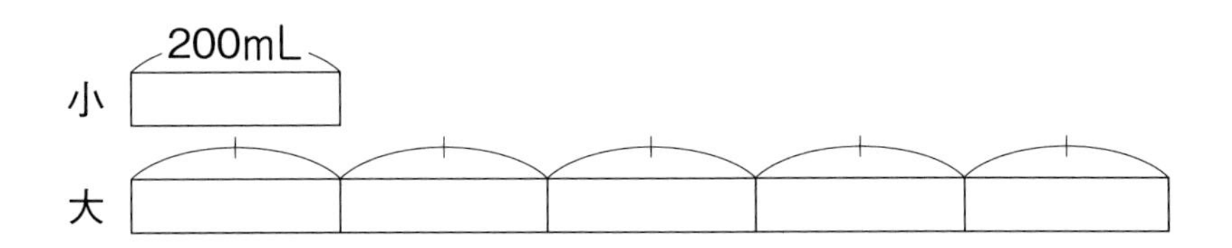

式　200 × 5 =

答え　　　　mL

月　日

いろいろな問題 ③（倍）

名前

☆　赤いリボンの長さは、青いリボンの長さの４倍で200cmです。青いリボンの長さは何cmですか。

200cm
赤
青

式　200 ÷ 4 ＝ 50

答え　cm

1　大きいペットボトルは、小さいペットボトルの5倍で1000 mLです。小さいペットボトルは何mLですか。

1000mL
大
小

式　1000 ÷ 5 ＝

答え　mL

2 お父さんの体重は、けんとさんの体重の２倍で、68 kgです。けんとさんの体重は何kgですか。

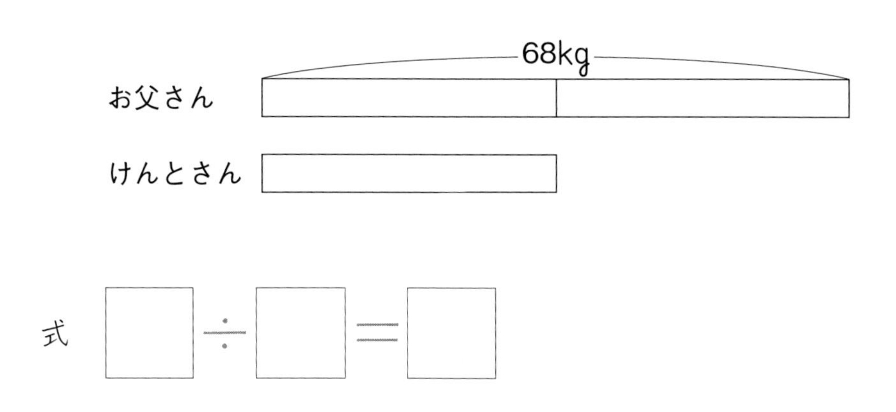

答え　　　　kg

3 メロンのねだんは、りんごのねだんの８倍で1200円です。りんごのねだんは何円ですか。

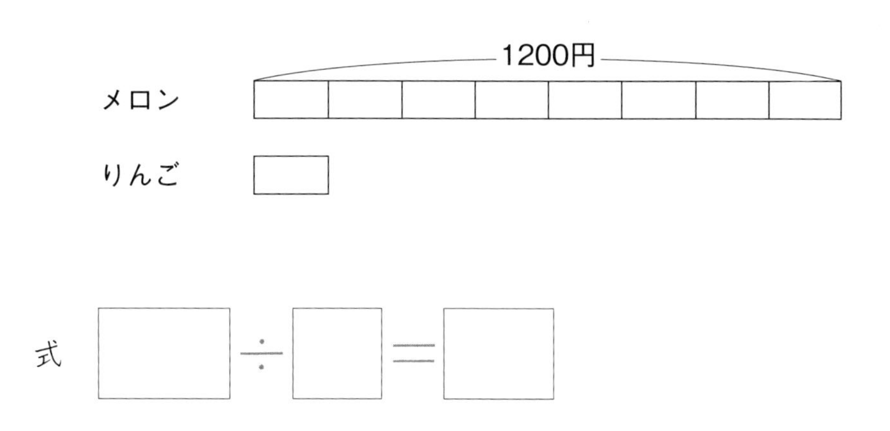

答え　　　　円

こたえ

P．4、5　わり算(÷1けた)①

☆　式　　72÷6＝12

答え　12ケース

1　式　　60÷5＝12

答え　12束

2　式　　84÷7＝12

答え　12箱

3　式　　75÷3＝25

答え　25本

☆は6本ずつ分ける「包含除」のわり算です。

P．6、7　わり算(÷1けた)②

☆　式　　95÷4＝23あまり3

答え　23人、あまり3まい

1　式　　95÷7＝13あまり4

答え　13人、あまり4まい

2　式　　95÷3＝31あまり2

答え　31まい、あまり2まい

3　式　　85÷7＝12あまり1

答え　12セット、あまり1本

2けた÷1けたのあまりのある問題です。
あまりまでしっかり書きましょう。

P．8、9　わり算(÷1けた)③

☆　式　　738÷3＝246

答え　246まい

1　式　　940÷4＝235

答え　235わ

2　式　　864÷6＝144

答え　144本

3　式　　725÷5＝145

答え　145こ

3けた÷1けたのあまりなしの問題です。
わられる数が大きくなると、計算が難しく感じます。筆算でていねいに考えましょう。

P．10、11　わり算(÷1けた)④

☆　式　　767÷4＝191あまり3

答え　191まい、あまり3まい

1　式　　458÷3＝152あまり2

答え　152わ、あまり2まい

2　式　　879÷5＝175あまり4

答え　175まい、あまり4まい

3　式　　793÷6＝132あまり1

答え　132本、あまり1本

P．12、13　わり算(÷１けた)⑤

☆　式　　444÷６＝74

答え　74箱

1　式　　280÷８＝35

答え　35箱

2　式　　375÷５＝75

答え　75まい

3　式　　315÷７＝45

答え　45m

３けた÷１けたのあまりなしの問題です。☆なら百の位の４は６ではわれないので、十の位の４も含めて44÷６として考えます。

P．14、15　わり算(÷１けた)⑥

☆　式　　378÷５＝75 あまり３

答え　75まい、あまり３まい

1　式　　458÷８＝57 あまり２

答え　57わ、あまり２まい

2　式　　298÷７＝42 あまり４

答え　42まい、あまり４まい

3　式　　385÷６＝64 あまり１

答え　64本、あまり１本

P．16、17　わり算(÷１けた)　まとめ

1　式　　648÷３＝216

答え　216まい

2　式　　565÷４＝141 あまり１

答え　141わ、あまり１まい

3　式　　96÷４＝24

答え　24ケース

4　式　　438÷６＝73

答え　73箱

5　式　　348÷５＝69 あまり３

答え　69本、あまり３本

P．18、19　わり算(÷２けた)①

☆　式　　240÷60＝４

答え　４本

1　式　　250÷50＝５

答え　５本

2　式　　240÷30＝８

答え　８こ

3　式　　480÷80＝６

答え　６束

３けた÷何十のあまりなしの問題です。

答えの確認をしたいときは、「答え×わった数＝もとの数」となれば正解です。

P．20、21　わり算(÷２けた)②

☆　式　　250÷60＝４あまり10

答え　４本、あまり10円

1　式　　300÷70＝４あまり20

答え　４本、あまり20本

2　式　　500÷80＝６あまり20

答え　６こ、あまり20円

3　式　　220÷40＝５あまり20

答え　５本、あまり20cm

> ３けた÷何十のあまりが出る問題です。
> わる数の一の位が０なら０をとって、簡単な式にして考えると分かりやすくなります。

P．22、23　わり算(÷２けた)③

☆　式　　84÷12＝７

答え　７こ

1　式　　72÷24＝３

答え　３こ

2　式　　96÷12＝８

答え　８ケース

3　式　　78÷26＝３

答え　３人

> ２けた÷２けたのあまりなしの問題です。☆84÷12なら答えを８と予想します。すると12×８は96で大きくなります。今度は８と７と１つ小さくして考えます。12×７は84で正解となります。
> このように、答えを予想して修正しながら求める方法を「仮商修正」と言います。

P．24、25　わり算(÷２けた)④

☆　式　　84÷16＝５あまり４

答え　５束、あまり４本

1　式　　95÷25＝３あまり20

答え　３箱、あまり20こ

2　式　　76÷18＝４あまり４

答え　４まい、あまり４まい

3　式　　65÷15＝４あまり５

答え　４本、あまり５cm

> ２けた÷２けたのあまりありの問題です。
> あまりは、わる数より小さい数になります。

P．26、27　わり算(÷２けた)⑤

☆　式　　108÷18＝６

答え　６本

1　式　　120÷15＝８

答え　８cm

2　式　　252÷36＝７

答え　７台分

3　式　　270÷45＝６

答え　６本

> ３けた÷２けたのあまりなしの問題です。
> 数が大きくなりますが、考え方はこれまでと同じです。仮商修正して求めましょう。

P．28、29　わり算(÷２けた)⑥

☆　式　　110÷15＝７あまり５

答え　７こ、あまり５こ

1　式　　200÷32＝６あまり８

答え　６本、あまり８本

2　式　　210÷25＝８あまり10

答え　８束、あまり10まい

3　式　　150÷16＝９あまり６

答え　９箱、あまり６こ

> 　３けた÷２けたのあまりありの問題です。

P．30、31　わり算(÷２けた)⑦

☆　式　　288÷12＝24

答え　24こ

1　式　　675÷25＝27

答え　27こ

2　式　　450÷18＝25

答え　25人

3　式　　540÷36＝15

答え　15箱

> 　３けた÷２けた、商２けたになる問題です。

P．32、33　わり算(÷２けた)⑧

☆　式　　185÷12＝15あまり５

答え　15こ、あまり５こ

1　式　　320÷13＝24あまり８

答え　24まい、あまり８まい

2　式　　550÷45＝12あまり10

答え　12本、あまり10cm

3　式　　477÷26＝18あまり９

答え　18箱、あまり９こ

> 　３けた÷２けた、商２けたであまりありの問題です。
> 　筆算でていねいに計算しましょう。

P．34、35　わり算(÷２けた)⑨

☆　式　　760÷22＝34あまり12

答え　34箱

1　式　　550÷26＝21あまり４

答え　21人

> 　３けた÷２けた、商２けたであまりを切り捨てて考える問題です。

☆　式　　430÷18＝23あまり16

(23＋１＝24)

答え　24まい

2　式　　500÷32＝15あまり20

(15＋１＝16)

答え　16回

> 　３けた÷２けた、商２けたであまりを切り上げて考える問題です。

P．36、37　わり算(÷２けた)　まとめ

1 式　98÷24＝４あまり２

答え　４箱

2 式　112÷28＝４

答え　４まい

3 式　180÷25＝７あまり５

答え　７人

4 式　600÷35＝17あまり５

答え　17箱

5 式　200÷16＝12あまり８

(12＋１＝13)

答え　13日間

P．38、39　小数のたし算・ひき算①

☆ 式　2.3＋4.2＝6.5

答え　6.5m

1 式　3.2＋5.4＝8.6

答え　8.6m

2 式　４＋3.6＝7.6

答え　7.6kg

3 式　0.3＋1.4＝1.7

答え　1.7L

小数第一位までのたし算です。
小数のたし算では、小数点の位置をそろえて計算することが大切です。

P．40、41　小数のたし算・ひき算②

☆ 式　0.8＋3.2＝４

答え　４kg

1 式　1.4＋4.6＝６

答え　６kg

2 式　2.6＋1.4＝４

答え　４t

3 式　4.5＋3.5＝８

答え　８cm

小数第一位までのたし算です。
答えの数の小数点以下が０のとき(4.0のような)、０と小数点は消して答えます。

P．42、43　小数のたし算・ひき算③

☆ 式　1.25＋1.54＝2.79

答え　2.79L

1 式　2.25＋0.4＝2.65

答え　2.65L

2 式　2.55＋1.05＝3.6

答え　3.6km

3 式　2.35＋3.65＝６

答え　６kg

小数第二位までのたし算です。
小数点以下が増えますが、小数点の位置をそろえて考えましょう。

P．44、45　小数のたし算・ひき算④

☆　式　　1.2－0.7＝0.5

答え　0.5L

1　式　　3.2－2.7＝0.5

答え　0.5m

2　式　　7 －4.5＝2.5

答え　2.5km

3　式　　4.3－1.4＝2.9

答え　2.9kg

> 小数のひき算の問題です。
> 小数第一位までの計算です。くり下がりがある問題とない問題があるので、位をそろえてていねいに計算しましょう。

P．46、47　小数のたし算・ひき算⑤

☆　式　　3.6－1.6＝ 2

答え　2kg

1　式　　5.7－1.7＝ 4

答え　4kg

2　式　　8.5－2.5＝ 6

答え　6m

3　式　　6.3－1.3＝ 5

答え　5L

> 小数のひき算の問題です。
> ひき算でも、答えの数の小数点以下が0になるとき（2.0のような）、0と小数点を消して答えます。

P．48、49　小数のたし算・ひき算⑥

☆　式　　6.58－1.26＝5.32

答え　5.32kg

1　式　　4.97－0.75＝4.22

答え　4.22kg

2　式　　5.32－2.3＝3.02

答え　3.02km

3　式　　7.65－4.6＝3.05

答え　3.05m

> 小数第二位までのひき算の問題です。
> 2の問題は小数点をそろえて考えないと5.32－2.3＝5.09と間違えてしまいます。注意しましょう。

P．50、51　小数のたし算・ひき算 まとめ

1　式　　1.25＋1.5＝2.75

答え　2.75L

2　式　　6.25－0.7＝5.55

答え　5.55kg

3　式　　3.8＋3.2＝ 7

答え　7cm

4　式　　6 －4.5＝1.5

答え　1.5km

5　式　　1.2＋5.3＝6.5

答え　6.5m

P．52、53　分数のたし算・ひき算①

☆　式　$\frac{2}{4}+\frac{1}{4}=\frac{3}{4}$

答え　$\frac{3}{4}$L

[1]　式　$\frac{2}{5}+\frac{2}{5}=\frac{4}{5}$

答え　$\frac{4}{5}$L

[2]　式　$\frac{3}{7}+\frac{2}{7}=\frac{5}{7}$

答え　$\frac{5}{7}$m

[3]　式　$\frac{1}{8}+\frac{3}{8}=\frac{4}{8}$

答え　$\frac{4}{8}$L

P．54、55　分数のたし算・ひき算②

☆　式　$1\frac{3}{8}+2\frac{3}{8}=3\frac{6}{8}$

答え　$3\frac{6}{8}$m

[1]　式　$2\frac{4}{7}+3\frac{1}{7}=5\frac{5}{7}$

答え　$5\frac{5}{7}$m

[2]　式　$3\frac{3}{4}+4\frac{2}{4}=7\frac{5}{4}=8\frac{1}{4}$

答え　$8\frac{1}{4}$kg

[3]　式　$1\frac{2}{9}+2\frac{7}{9}=3\frac{9}{9}=4$

答え　4km

帯分数＋帯分数の問題です。
[2]の問題、答え$7\frac{5}{4}$になりますが、$8\frac{1}{4}$に直して書きましょう。

P．56、57　分数のたし算・ひき算③

☆　式　$\frac{8}{9}-\frac{2}{9}=\frac{6}{9}$

答え　$\frac{6}{9}$L

[1]　式　$\frac{7}{8}-\frac{2}{8}=\frac{5}{8}$

答え　$\frac{5}{8}$L

[2]　式　$\frac{9}{10}-\frac{4}{10}=\frac{5}{10}$

答え　$\frac{5}{10}$kg

[3]　式　$\frac{10}{10}-\frac{3}{10}=\frac{7}{10}$

答え　$\frac{7}{10}$m

P．58、59　分数のたし算・ひき算④

☆　式　$3\frac{3}{4}-1\frac{2}{4}=2\frac{1}{4}$

答え　$2\frac{1}{4}$kg

[1]　式　$4\frac{4}{5}-2\frac{3}{5}=2\frac{1}{5}$

答え　$2\frac{1}{5}$m

[2]　式　$3-1\frac{3}{5}=2\frac{5}{5}-1\frac{3}{5}=1\frac{2}{5}$

答え　$1\frac{2}{5}$m

[3]　式　$4-2\frac{2}{3}=3\frac{3}{3}-2\frac{2}{3}=1\frac{1}{3}$

答え　$1\frac{1}{3}$kg

帯分数－帯分数の問題です。
[2]の問題は、整数の３を「$2\frac{5}{5}$」として考えます。

P．60、61　分数のたし算・ひき算 まとめ

1　式　$5\frac{2}{7}+\frac{6}{7}=5\frac{8}{7}=6\frac{1}{7}$

答え　$6\frac{1}{7}$L

2　式　$\frac{7}{8}+3\frac{1}{8}=3\frac{8}{8}=4$

答え　4m

3　式　$1\frac{6}{8}-\frac{5}{8}=1\frac{1}{8}$

答え　$1\frac{1}{8}$L

4　式　$2\frac{7}{10}-\frac{6}{10}=2\frac{1}{10}$

答え　$2\frac{1}{10}$kg

5　式　$2-\frac{8}{10}=1\frac{10}{10}-\frac{8}{10}=1\frac{2}{10}$

答え　$1\frac{2}{10}$m

P．62、63　小数のかけ算①

☆　式　3.7×5＝18.5

答え　18.5kg

1　式　5.4×6＝32.4

答え　32.4L

2　式　3.5×5＝17.5

答え　17.5kg

3　式　2.4×7＝16.8

答え　16.8km

小数のかけ算の問題です。
小数のかけ算の筆算では、右はしにつめて計算します。

P．64、65　小数のかけ算②

☆　式　2.45×6＝14.7

答え　14.7m

1　式　3.24×5＝16.2

答え　16.2kg

2　式　4.35×8＝34.8

答え　34.8m

3　式　3.25×4＝13

答え　13kg

小数（第二位まで）×整数の問題です。
☆2.45×6は、245×6＝1470とかけ算をして、答えの右から2けた移動した所で小数点をうち、14.7となります。

P．66、67　小数のかけ算③

☆　式　2.5×35＝87.5

答え　87.5m

1　式　3.2×28＝89.6

答え　89.6kg

2　式　2.6×28＝72.8

答え　72.8km

3　式　1.4×62＝86.8

答え　86.8L

小数（第二位まで）×整数2けたの問題です。
☆2.5×35は25×35＝875とかけ算して右から1けた移動した所で小数点をうち、87.5となります。

P．68、69　小数のかけ算④

☆　式　　0.86×24＝20.64

答え　20.64L

1　式　　0.72×36＝25.92

答え　25.92L

2　式　　1.55×15＝23.25

答え　23.25kg

3　式　　1.75×28＝49

答え　49m

小数（第二位まで）×整数２けたの問題です。
☆0.86×24は86×24＝2064とかけ算して右から２けた移動した所に小数点をうち、20.64となります。

P．70、71　小数のかけ算　まとめ

1　式　　2.4×45＝108

答え　108m

2　式　　1.25×23＝28.75

答え　28.75kg

3　式　　2.3×８＝18.4

答え　18.4kg

4　式　　3.45×６＝20.7

答え　20.7m

5　式　　3.55×７＝24.85

答え　24.85kg

P．72、73　小数のわり算①

☆　式　　5.4÷３＝1.8

答え　1.8L

1　式　　7.2÷４＝1.8

答え　1.8L

2　式　　7.5÷５＝1.5

答え　1.5m

3　式　　7.2÷６＝1.2

答え　1.2kg

小数のわり算の問題です。
☆5.4÷３の筆算では３)5.4と、わられる数の小数点にそろえて小数点をうち、答え1.8となります。

P．74、75　小数のわり算②

☆　式　　7.05÷３＝2.35

答え　2.35m

1　式　　9.72÷４＝2.43

答え　2.43m

2　式　　3.36÷８＝0.42

答え　0.42L

3　式　　2.88÷６＝0.48

答え　0.48kg

小数第二位÷整数の問題です。ここでは、2の問題は3.36÷８＝0.42のように計算すると整数のところが０になるときは、0.として答えを書きましょう。

P．76、77　小数のわり算③

☆　式　　28.3÷４＝７あまり0.3

答え　７こ、あまり0.3kg

1　式　　35.4÷５＝７あまり0.4

答え　７こ、あまり0.4L

2　式　　46.2÷３＝15あまり1.2

答え　15本、あまり1.2m

3　式　　65.3÷５＝13あまり0.3

答え　13こ、あまり0.3kg

P．78、79　小数のわり算④

☆　式　　36.4÷26＝1.4

答え　1.4kg

1　式　　51.2÷32＝1.6

答え　1.6kg

2　式　　57.6÷48＝1.2

答え　1.2L

3　式　　52.5÷35＝1.5

答え　1.5L

小数（第一位まで）÷整数２けたの問題です。
☆36.4÷26の筆算で26）３６↑４と、わられる数の小数点にそろえて小数をうち、答え1.4となります。

P．80、81　小数のわり算⑤

☆　式　　11÷２＝5.5

答え　5.5L

1　式　　15÷６＝2.5

答え　2.5kg

2　式　　13÷４＝3.25

答え　3.25L

3　式　　18÷８＝2.25

答え　2.25kg

P．82、83　小数のわり算　まとめ

1　式　　5.4÷３＝1.8

答え　1.8L

2　式　　9.36÷４＝2.34

答え　2.34m

3　式　　26.3÷５＝５あまり1.3

答え　５こ、あまり1.3L

4　式　　44.8÷32＝1.4

答え　1.4kg

5　式　　２÷８＝0.25

答え　0.25L

P．84、85　がい数を使って①

☆　式　　400＋400＝800

答え　約800円

1　式　　2000＋3000＝5000

答え　約5000本

2　式　　3000＋3000＝6000

答え　約6000円

3　式　　30000＋20000＝50000

答え　約50000人

　およその数をがい数といいます。
　がい数のたし算の問題です。問題文をよく読んで、どの位の数を「四捨五入」するか考えましょう。
　「約何百」と聞かれたら、十の位。
　「約何千」と聞かれたら、百の位を四捨五入します。

P．86、87　がい数を使って②

☆　式　　800－500＝300

答え　約300円

1　式　　9000－4000＝5000

答え　約5000円

2　式　　6000－5000＝1000

答え　約1000円

3　式　　60000－30000＝30000

答え　約30000円

　がい数のひき算の問題です。
　聞かれているのは、どの位までのがい数か、よく問題を読みましょう。(約千なら百の位を四捨五入します。)

P．88、89　がい数を使って③

☆　式　　50×30＝1500

答え　およそ1500円

1　式　　40×30＝1200

答え　およそ1200kg

2　式　　400×50＝20000

答え　およそ20000円

3　式　　60×600＝36000

答え　およそ36000g

　がい数のかけ算の問題です。0の数に気を付けましょう。
　50×30＝1500（150と間違いやすいです。）

P．90、91　がい数を使って④

☆　式　　600÷30＝20

答え　およそ20箱

1　式　　800÷40＝20

答え　およそ20箱

2　式　　4000÷20＝200

答え　およそ200まい

3　式　　90000÷30＝3000

答え　およそ3000円

　がい数のわり算の問題です。0の数に気を付けましょう。
　600÷30＝20（200と間違いやすいです。）

P．92、93　がい数を使って　まとめ

[1]　式　　300＋300＝600

答え　約600円

[2]　式　　600－400＝200

答え　約200円

[3]　式　　80×30＝2400

答え　およそ2400円

[4]　式　　600÷30＝20

答え　およそ20箱

P．94、95　１つの式でとく①

☆　式　　５×８÷10＝４

答え　４こ

[1]　式　　12×５÷６＝10

答え　10こ

☆　式　　30÷６×２＝10

答え　10こ

[2]　式　　80÷５×３＝48

答え　48こ

かけ算とわり算を使って一つの式で考える問題です。
問題をよく読んで、「何を聞かれているか」をしっかりと押さえながら解いていきましょう。
99ページでは、☆は箱２つ分、[2]の問題はふくろ３つ分の数を聞かれています。

P．96、97　１つの式でとく②

☆　式　　40×６×３＝720

答え　720円

[1]　式　　６×４×５＝120

答え　120本

☆　式　　120÷５÷６＝４

答え　４本

[2]　式　　120÷４÷５＝６

答え　６こ

P．98、99　１つの式でとく③

☆　式　　200＋150×２＝500

答え　500円

[1]　式　　200＋150×４＝800

答え　800円

[2]　式　　160＋80×５＝560

答え　560円

[3]　式　　500＋200×３＝1100

答え　1100mL

たし算とかけ算を使って、一つの式で考える問題です。
たし算やひき算、かけ算、わり算が一緒にある式を解くときは「かけ算・わり算」から先に計算します。これは、計算のきまりです。
☆の式200+150×２は
150×２＝300
200+300＝500
と計算します。

P．100、101　1つの式でとく④

☆　式　　$500-60\times5=200$

答え　200円

1　式　　$1000-200\times3=400$

答え　400円

2　式　　$80-10\times6=20$

答え　20まい

3　式　　$100-6\times15=10$

答え　10本

ひき算とかけ算を使って、一つの式で考える問題です。
ここでも、かけ算から先に計算して答えを求めましょう。

P．102、103　1つの式でとく⑤

☆　式　　$(350-50)\times6=1800$

答え　1800円

1　式　　$(220-20)\times4=800$

答え　800円

2　式　　$(860-60)\times5=4000$

答え　4000円

3　式　　$(120-10)\times8=880$

答え　880円

ひき算とかけ算、（　）を使って、一つの式で考える問題です。
（　）がある場合は先に計算します。
☆の場合1足の靴下が50円安くなったので（350－50）を先に計算します。

P．104、105　1つの式でとく⑥

☆　式　　$1000\div(40+60)=10$

答え　10組

1　式　　$1000\div(80+120)=5$

答え　5組

2　式　　$120\div(4+4)=15$

答え　15まい

3　式　　$135\div(9+6)=9$

答え　9こ

たし算とわり算、（　）を使って、一つの式で考える問題です。
順番が後ろであっても（　）を先に計算します。

P．106、107　1つの式でとく　まとめ

1　式　　$10\times4\div8=5$

答え　5こ

2　式　　$1000+150\times4=1600$

答え　1600円

3　式　　$1000-60\times12=280$

答え　280円

4　式　　$(240-40)\times4=800$

答え　800円

5　式　　$1000\div(140+60)=5$

答え　5セット

P．108、109　いろいろな問題①(倍)

☆　式　　180÷60＝３

答え　３倍

1　式　　12÷３＝４

答え　４倍

2　式　　50÷10＝５

答え　５倍

3　式　　2000÷500＝４

答え　４倍

P．110、111　いろいろな問題②(倍)

☆　式　　50×３＝150

答え　150cm

1　式　　110×２＝220

答え　220円

2　式　　10×４＝40

答え　40さい

3　式　　200×５＝1000

答え　1000mL

P．112、113　いろいろな問題③(倍)

☆　式　　200÷４＝50

答え　50cm

1　式　　1000÷５＝200

答え　200mL

2　式　　68÷２＝34

答え　34kg

3　式　　1200÷８＝150

答え　150円